KB244858

자연을
여미다

Weaving
in
Nature

옷

목차

옷으로 읽는 시간

온지음 홍정현 대표

「자연을 여미다」 발간에 부쳐

옷은 우리 삶 가장 가까이에서 우리의 내면과 문화를 담아내는 그릇입니다. 한복에는 수천 년에 걸친
역사와 철학, 그리고 한국 고유의 미의식이 고스란히 담겨 있지요.

중앙화동재단 부설 전통문화연구소 온지음은 2013년 설립 이래 전통의 의ㆍ식ㆍ주 생활 문화 안에
깃든 한국 고유의 아름다움과 그 안에 스민 사유와 정신을 발굴하고 보존하며, 이를 현대적 감각으로
되살리고 확장하는 데 힘써왔습니다. 그중에서도 의복문화 연구기관인 '온지음 옷공방'은 전통
복식이 지닌 섬세한 멋과 고유한 구조미를 현대의 언어로 다시 읽어내고, 이를 통해 오늘을 살아가는
사람들에게 다가갈 수 있는 전통의 의미를 새롭게 제안해 왔습니다. 온지음 옷공방은 지난 수십 년간
고증과 연구를 바탕으로 한복 고유의 방대한 아카이브를 정리하고, 장인을 양성하며, 전통 복식에
내재된 정성과 아름다움을 정성껏 되살려 왔습니다. 동시에, 전통에 머무르지 않고 새로운 재료와
감각, 감성으로 한복의 현재적 가능성을 넓히는 데 주도적인 역할을 해왔지요.

이번에 발간되는 「자연을 여미다」는, 그러한 시간의 흐름 속에서 축적된 정성과 사유의 결을
정성껏 엮어낸 집약체입니다. 아득한 삼국시대부터 손에 잡힐 듯한 개화기까지 각 시대를 대표하는
복식과 자료들을 선별하여, 연구를 뒷받침하는 회화와 유물, 고문헌 등의 자료를 함께 엮은
이 책은 한복의 아름다움이 어떻게 시대와 함께 호흡해 왔는지를 입체적으로 보여줍니다.
한복이 지닌 미의식, 즉 자연을 닮은 선의 유연함과 움직임, 색의 절제와 화려함 사이에서 균형을
이루는 미묘한 감각은, 각 시대별 문화와 사유의 흐름에 따라 풍성하게 확장되어 왔습니다.
페이지를 넘기다 보면 마치 시간의 강을 따라 걷는 듯한 기분이 들지요. 고대 토우에서 시작해
생생한 초상화와 유물의 결을 따라가다 보면, 한복이 단지 입는 옷을 넘어, 삶을 감싸안고 시대를
품은 존재였음을 새삼 깨닫게 됩니다.

온지음 옷공방의 설립 초기부터 전통 한복의 고품격화와 현대화를 목표로 공방을 이끌어주신
조효숙 교수님께 깊은 감사를 드립니다. 이 책이 세상에 나오기까지 아낌없는 애정과 정성을 더해
주신 온지음 옷공방, 그리고 귀한 인연으로 함께해 주신 모든 분들께 진심 어린 감사와 따뜻한
축하의 마음을 전합니다. 오랜 시간 마음과 손길을 더해 지어진 이 한 권의 책이 전통의 가치를
이어가는 데 응원과 힘이 되기를, 오래도록 따스한 등불이 되어주기를 바랍니다.

온지음 옷공방

"옛것을 바탕으로 바르고 온전하게 지금을 짓는다."

중앙화동재단 부설 전통문화연구소 온지음의 의衣문화 연구 기관인 옷공방은, 전통 복식을
연구하고 이를 바탕으로 한복의 현대적 가능성을 탐구하고자 설립되었다. 옷공방은 유물과 문헌,
그리고 고증을 바탕으로 이천 년에 걸친 한복의 변화 과정을 깊이 있게 살피며, 조선 후기에 편중된
기존의 인식을 넘어 보다 다채로운 한복의 아름다움을 조명하고 있다. 고분 벽화, 불화, 토용,
「삼국사기三國史記」, 「고려사高麗史」 같은 문헌을 토대로 지금껏 주목받지 못했던 삼국시대와 고려시대
복식을 되살려낸 것 또한 옷공방이 쌓아온 연구의 한 결실이라 할 수 있다.

옷공방은 전통을 보존하는 데 그치지 않고, 전통이 동시대의 삶 속에서 어떻게 새롭게 의미를
가질 수 있을지를 끊임없이 질문하고 실천해 왔다. 이를 위해 형태뿐 아니라 직물과 색상, 무늬,
착용 방식에 이르기까지 복식 전반을 입체적으로 탐구하며, 한복을 단순한 의복을 넘어 시대의
생활상과 감수성이 스며든 문화로 바라보는 관점을 지향해 왔다.

옷공방은 지난 20여 년간 연구의 결과를 한국 전통 문화의 창조적 계승을 목표로 활동하는 비영리
민간단체 아름지기와의 협업을 통해 기획 전시로 발표하며, 보다 많은 이들에게 고대부터 현대에
이르기까지 다양한 시대의 한복의 아름다움을 펼쳐보였다. 쓰개2004 전시를 시작으로, 배자2007,
유니폼2010, 포2013, 저고리2016, 바지2019를 주제로 담아낸 전시는 우리 한복이 지닌 고귀한 아름다움,
영감, 새로운 가능성을 생생하게 전달했다. 전시를 통해 관람자들은 과거의 옷을 감상하는 데서
나아가, 한복을 동시대의 시선으로 바라보고 일상 속에서 새롭게 상상해보는 계기를 가질 수 있었다.

온지음 옷공방의 여정은 전통을 올바르게 고증하는 것에서 나아가 현재를 살아가는 창작자에게도
영감을 제공하는 것으로 그 역할을 확장해왔다. 현대 디자이너와의 협업을 통해 한복의 요소를
고유한 패션 언어로 새롭게 해석했고, 그 과정에서 한복이 지닌 다양한 가능성의 면면이 드러났다.
2023년 〈블러링 바운더리 Blurring Boundaries: 한복을 꺼내다〉展에서는 미국에서 활동 중인
크리스티나 김과의 협업을 통해 한복의 현대적 활용 가능성을 입체적으로 제시했고, 2025년 〈라羅,
빛을 엮다 Ra, Weaving Light〉展에서는 아트&디자인 스튜디오 오마 스페이스OMA Space와 함께
고려시대 대표 직물인 라羅를 현대적 감각의 디자인으로 풀어냈다. 이는 한복의 본질을 해치지
않으면서도 일상 속에서 자연스럽게 손이 가는 옷으로서 새로운 가능성을 모색하고 제안한 의미
있는 시도였다.

이 모든 여정은 한복을 과거의 유산에 머무르게 하지 않고, 지금 이곳의 삶 속에서 살아 숨 쉬는
옷으로 다시 짓기 위한 시도였다. 온지음 옷공방은 설립 초기부터 전통 한복의 고품격화와
현대화를 목표로 삼고, 전통에 대한 존중과 동시대적 해석 사이에서 끊임없이 질문을 던지고
그 해답을 찾고자 노력하였다. 전통 한복에 담긴 정신과 내재된 미적 가치를 다시 바라보고 새롭게
해석하며, 다음 세대에 올곧게 이어질 유산으로 재창조하는 것, 그것이 곧 온지음이 추구하는
'오늘의 한복'이다.

한복의 미학적 조명

온지음 조효숙 옷공방 공방장

"품격과 절제의 멋, 우아하고도 생동감 넘치는 에너지.
한복에는 다층적 아름다움과 이천 년에 걸쳐 축적된 시간의 미학이
고스란히 스며 있다."

삼국 / 통일신라	고려

역동성

하늘 · 땅 · 사람이 어우러져 빚어낸 기운생동氣韻生動의 에너지

우아하고 화려함

불교에 바탕을 둔 귀족 문화의 찬란한 예술적 성취

4C　　　　　　　　　　10C　　　　　　　　　14

격과 절제

유교적 이상을 추구한 선비 문화의 고졸한 미감

기복과 상징

다양한 색과 무늬에 담긴 복된 삶의 기원

풍류와 파격

자연에서 즐기는 풍류와 즐거운 파격의 멋

비움과 단순

절제의 미학과 서구 문물에 바탕한 실용주의의 만남

19C

한복의 미학적 조명

온지음 조효숙 옷공방 공방장

한복에 담긴 미의식

민속 의상이란 특정 지역 공동체가 오랜 세월에 걸쳐 착용해온 복식으로, 시간이 흐르며 그 지역의
기후와 풍토 같은 자연환경은 물론, 종교 · 정치 · 경제 · 사회적 변화의 영향을 받아 점진적으로
변천해왔다. 우리 민족은 기원전 삼천 년경 고조선을 시원으로 동북아시아 지역에서 기마 유목과
농경 생활을 해왔으며, 추위에 대응하고 유목 생활에 적합한 북방계 호복 양식 – 팔과 다리를 감싸는
형태 – 을 받아들였다. 상의와 하의가 분리된 이부양식二部樣式, 즉 '저고리와 바지', 혹은 '저고리와
치마'는 한민족 복식의 기본 형태로 자리 잡았고, 이 고유한 양식은 오늘날까지도 이어지고 있다.
이처럼 만주에서 한반도에 이르기까지, 동북아시아에서 한민족이 입어온 전통 복식을 '한복'이라
부른다. 한복은 단지 인체를 감싸는 실용적 의복에 그치지 않고, 한국인의 얼굴이자 문화적 정체성을
상징하며, 고유한 미의식이 살아 숨 쉬는 문화유산이다.

한복은 겉으로 보이는 형태나 직관적 아름다움을 넘어 수천 년에 걸쳐 전승된 한민족의
정신세계와 철학을 담고 있다. 그렇다면, 우리 조상이 삶의 가치관을 담아 만들어 입고 향유했던
한복의 미의식은 과연 무엇일까?

한복을 비롯하여 미술 · 건축 · 음악 · 문학 등 한국의 전통 예술 전반에 흐르는 미의식의 핵심은
바로 '자연주의'다. 자연주의는 자연과 인간의 본질에 대한 이해를 바탕으로 자연과 공존하며
순응하는 태도를 중요시한다. 인위적 구조를 만들고 장식을 붙여 화려하게 꾸미기보다는 직선과
곡선이 자연스럽게 어우러진 형태를 통해 인체를 부드럽게 감싸며 소재와 무늬, 색채 속에
자연의 상징을 풍성하게 담아낸다. 이로써 단아함 · 우아함 · 화려함이 조화를 이루는 독특한
미적 세계를 완성한다.

예를 들면, 여성의 치마저고리와 남성의 바지저고리는 어떤 정형적 구조가 아닌 인체를
감싸는 비정형 구조를 취해 착용자의 움직임에 따라 유동적이고 자연스러운 실루엣을 만들어낸다.

「방동현재산수도芳洞縣在山水圖」
강세황姜世晃, 1713~1791, 1749년, 국립중앙박물관 소장

또한 의복과 신체 사이에 여유로운 공간을 마련하여 마치 숨 쉬듯 자연과 교감하는 독특한
미를 선사한다. 여성의 치마는 또 어떤가? 넓은 사각 평면을 허리에 둘러 입는 방식으로
착용자의 움직임과 바람결에 따라 흔들리며 물결치는 곡선을 그린다. 이처럼 바람에 나부끼는
치맛자락으로 완성되는 옷차림은 그 자체로 자연과 공존하는 한복의 미의식을 극대화한 요소이다.
선비들이 즐겨 입었던 '포袍' 역시 절제된 선과 정제된 면이 서로 만나 인체를 감싸주는데 몸과
평면의 포 사이의 여유로운 공간과 함께 비로소 풍성한 입체감을 드러낸다.

한복을 만드는 바느질 방법도 확연히 구별되는 한복만의 특징이다. 일본의 기모노 역시 한복과
같은 평면 구성이지만 기모노는 모두 직사각형 천을 연결한 반면 우리 한복은 부드러운 곡선의
바느질 방법이 유독 두드러진다. 저고리의 완만하게 흐르는 도련, 섶선, 배래선, 코끝을 사뿐히
들어 올린 외씨버선과 고무신 등 이루 헤아릴 수 없는 매력적인 곡선 요소들이 리드미컬하게
중첩된다. 이는 한국 산천의 부드럽고 온화한 능선을 떠오르게 한다. 한국의 수려한 산수는
위압적이거나 거대한 산맥이 아니라 크고 작은 산과 계곡, 하천이 이어진 친근한 풍경으로 우리에게
다가와서 한복의 곡선 바느질에도 투영되어 있는 것이다.

자연주의적 미감은 한복의 소재와 색채 사용에서도 뚜렷이 드러난다. 고대부터 조선시대에
이르기까지 '백의민족'이라고 부를 정도로 백색 의복이 선호되었는데 이는 단순한 흰색을 뜻하는
것이 아니라 명주, 모시, 베, 무명과 같은 천연섬유 자체에서 우러나는 자연이 준 소색素色의
아름다움을 선호한 것으로, 자연스러움과 순수함을 중시하는 가치관의 반영이었다. 간혹 색옷을
입을 경우에도 들판의 꽃과 풀, 하늘이 품고 있는 자연 풍광의 색을 의복에 담아냈다. 사계절이
뚜렷한 기후 덕분에 우리 조상은 자연이 펼쳐내는 다양한 색상을 섬세하게 포착할 기회가 많았다.
예컨대 봄가을이면 지천에 흐드러지게 피어나는 개나리와 진달래, 들국화와 파릇파릇한 초록색 잎은
고스란히 저고리와 치마의 생동감 있는 색이 되었고 한여름에는 시원한 쪽빛 치마에 흰 구름과 같은
소색의 모시 저고리를 입어 자연색과의 조화를 꾀하였다.

한복의 미적 특징

한복에 깃든 고졸한 품격과 유려한 선의 미학은 '자연주의'라는 미의식을 바탕으로 각 시대에
따라 역동미 · 우아미 · 품격미 · 상징미 · 풍류미 · 단순미로 확장되며 다채롭게 발현되었다.
이처럼 한복이 다양한 미적 특징을 보일 수 있었던 것은 오랜 시간 한국인의 정신세계를 이끌어온
종교와 사상이 복식 전반에 깊숙이 스며들어 있기 때문이다.

상고대上古代에 해당하는 고조선과 부족국가 시대에는 자연물에 신성을 부여하고, 초자연과 교감
능력이 있는 무당을 최고로 여긴 샤머니즘, 곧 선仙사상이 토착 신앙으로 자리 잡았다.
삼국시대에 이르러 불교와 도교가 전래되며, 기존 샤머니즘에 기반한 풍류 사상이 발전하였고,
이는 정치 · 사회 · 문화 전반에 영향을 끼치며 고유한 가치관으로 자리매김했다. 풍류는 단순한
유희를 넘어 심오한 정신세계로, 삶의 희로애락을 자연의 이치로 받아들이고 이를 예술과 정신으로
승화하려는 관조적 태도를 지녔다. 신명과 생동감이 깃든 복식의 색채와 실루엣 역시 이러한 정신의
반영이라 할 수 있다. 사람들은 슬픔이나 한을 삭여 즐거움으로 전환할 때 발생하는 신명 나고
기운생동하는 힘을 삶의 지향점으로 삼았다. 따라서 그들이 착용한 각양각색의 의복 형태와 옷감의
무늬에서도 그들이 지향하는 기운생동을 불러일으키는 역동적인 아름다움을 느낄 수 있다.*

고려시대에는 불교문화의 융성과 더불어 각종 불교 의례에 필요한 아름다운 공예품이 발달했다.
고상함을 추구하는 고려 문벌 귀족의 취향이 맞물려 청자, 나전칠기, 한지, 직물 등 품질 높은
공예품을 생산하는 장인을 우대했고, 이러한 공예 분야의 미적 경험이 의생활로 확장되어
의복 또한 다양하고 개방적이며 고도의 예술성을 갖춘 귀족적인 면모를 보였다. 능라綾羅의
견직물과 무늬가 직조된 섬세한 모시 같은 최고 명품 옷감을 생산했고, 남녀의 의복은 다양한
불화와 불복장 유물을 통해 확인할 수 있듯이 금은사로 직조하거나 라羅와 같이 부드럽고 비치는
섬세한 옷감을 활용해 우아한 곡선미가 돋보였으며 금사와 금박을 가하여 화려한 아름다움을
적극적으로 발현했다.**

*   **   ***

고구려 쌍영총
5세기

조반趙胖, 1341~1401 부인 초상화
14세기, 국립중앙박물관 소장

이재李縡, 1680~1745 초상화
18세기 중반 추정, 국립중앙박물관 소장

조선시대에 들어서며, 유교 이상 국가 실현을 향한 흐름은 복식에도 반영된다. 선비와 사대부
부인들의 삶을 이끈 유교 정신은 '예禮'의 실천을 위한 수단으로 의관정제를 중시했고,
다소 불편하더라도 관모를 쓰고 격식을 갖춘 옷차림을 통해 마음가짐까지 단정히 다스리고자 했다.
이처럼 정갈한 차림새는 조선 선비 특유의 고졸한 품격을 드러내며, '과유불급'의 정신 아래
절제된 아름다움을 완성했다.*** 또한 삼국시대 이래 이어진 풍류 정신이 조선 후기 여인의 한복에
이르러 관능미와 조화를 이루며 더욱 섬세하게 발전한다. 시詩, 서書, 화畵를 즐긴 선비들의 삶엔
풍류가 깃들었고, 그 곁의 기생들은 문文과 예술을 겸비한 존재로서 한복의 다양한 미적 변주를
이끌어냈다. 이들의 멋스러운 한복 차림은 점잖은 부인들의 옷맵시에도 영향을 미쳐, 한복은
풍류와 파격을 아우르는 새로운 미의 장르로 자리 잡았다.**** 한편 고대로부터 이어진 기복 사상은
조선시대 한복의 상징성과도 맞닿는다. 오방색 색동옷이나 길상무늬를 직조한 의복은 착용자에게
복을 전한다는 믿음 아래 심리적 위안과 미적 감흥을 동시에 느낄 수 있었다. 특히 어린아이의
옷이나 혼례복 같은 특별한 옷에는 오행사상에 따른 오방색을 가지런히 연결한 색동 옷감을
쓰거나, 불교와 도교에서 장수와 다복을 뜻하는 여러 종류의 길상무늬를 직조하고 수놓은 옷감을
사용함으로써 한복의 아름다운 상징미로 발전했다.*****

근대에 들어 유교적 절제미에 기독교와 함께 들어온 서구 실용 정신이 더해지며, 한복은 더욱
절제된 단순미로 나아갔다. 한복을 갖춰 입을 때 신분에 따른 형식적 치장과 불필요한 기교를
버리고 절제와 비움의 단순한 아름다움을 중요시했다. 옷감 선택에서도 투명한 질감과 '소쇄'의
기운을 품은 담백함을 선호하며, 한복은 절제와 비움의 미학으로 정제된다.******

이렇듯 한복의 미는 고정된 형상이 아니라 자연주의라는 큰 줄기 안에서 시대의 사유와 정신을
담아 유기적으로 진화해왔다. 역동미, 우아미, 상징미, 단순미는 서로 다른 듯 조화를 이루며,
조화 속의 다양성이라는 '화이부동和而不同'의 철학 아래 한국적 미의식으로 승화되었다. 한복은
그 자체로 한국인의 가치관과 정신을 담아낸 살아 있는 그릇이라 할 수 있다.

****

「월하정인月下情人」
신윤복申潤福, 1758~1814 추정.
18세기, 간송미술관 소장

*****

「모당 평이상공 평생도慕堂 平理相公 平生圖」
김홍도金弘道, 1745~1816 추정.
18세기 후반~19세기 초, 국립중앙박물관 소장

******

거울 앞의 한국 여인
작자 미상, 19세기

옷

Dynamic aesthetic rooted in harmony and vital energy

Before Taoism, Buddhism, and Confucianism took over the Korean Peninsula, the most pervasive ideology that formed the basis of Korea's spiritual world was its shamanism, called *Seon*. The Chinese character that represents the idea describes the dynamics of reciprocal energy created from the harmonious existence of sky, earth, and man, and it is this dynamism that is embodied in *Hanbok*.

This spirit in Hanbok is vividly portrayed in ancient mural paintings from Goguryeo 37 BCE-668 CE tombs. On the ceilings of these tombs, the afterlife is depicted in a mixture of *Seon* and Buddhism, and the four mythological creatures—Azure Dragon, White Tiger, Vermillion Bird, and Black Turtle—are a staple. The way they are illustrated exudes vigor and force, often pushing forward amidst clouds and wind. On the other hand, the murals of Jinpari Tomb No. 1 feature breezy fields and fierce flames. In Samshil Tomb from the 5th century, an elegant lady strides under a parasol, its ornaments bouncing, while donning a long *jeogori* (jacket), just covering the hips, and a pleated *chima* (skirt). The famous murals of Muyong Tomb show Goguryeo warriors on racing horses with their torsos turned to face the rear and their bows pulled, together with dancing men and women, all wearing clothes with dark borders. The same design of accentuating lines stayed in fashion throughout the Joseon Dynasty and evolved into the *hoejang-jeogori*, which adds contrasting colors to the collars, cuffs, and breast-ties.

In the Three Kingdoms period Circa 1st century BCE-7th century CE on the peninsula, there were no significant differences between men's and women's wear. Everyone wore *baji*, or pants, as a presentable attire. The shapes varied from very wide to more narrow depending on utility or fashion. Some would tie the openings of their pants with thin straps, some decorated the edges with more exquisite pieces of fabric, and some added an extra layer of fabric just over the crotch, which resulted in a baggy and contemporary look while ensuring functionality for horseback riding and other outdoor activities. By the Joseon Dynasty 1392-1897, a society dedicated to following Confucian doctrines, the diversity had shrunk to one type of pants for male, *sapok-baji*, and another for female, a unique type of drawers. *Malgun* was the only type of pants women wore on the outside, over their usual outfit, during the Joseon Dynasty for horseback riding.

The concept of dynamism identifiable in the textile and pattern designs is also distinctively different before and after the Joseon Dynasty. However, based on historical records, compound weaving–an advanced technique–seems to have been used for silk and wool to produce elaborate patterns. At the same time, block printing or painted dyeing techniques were used for plain silk and hemp fabrics. Geometric motifs found in ancient tomb murals, such as the checkered designs of Dongamri or the dot-and-circle patterns in the Muyong Tomb, echo modern rhythmic abstraction. The dynamism rooted in the traditions of equestrian cultures represents a significant thread in the history of Hanbok. Much like today's functional garments, bold patterns and design elements that ensured mobility contributed to a vibrant and energetic aesthetic.

기운생동에 바탕을 둔 역동의 미

도교, 불교, 유교가 지배적인 이데올로기가 되기 이전에 우리 민족의 정신세계에 큰 영향을 준
시원적 사유는 바로 '선仙'으로 표현되는 샤머니즘Shamanism이다. 자연을 신격화하고 숭배하며
종교적 의미를 부여하기도 하는 샤머니즘 사상은 우리의 철학과 미적 감각에 큰 영향을 미쳤다.
하늘과 땅과 사람, 즉 '천지인'이 조화롭게 어울리며 상생할 때 발생하는 기의 힘, 기운생동氣韻生動의
정신은 한복이 역동적인 모습을 가지게 된 바탕이다.

이런 역동성을 생생하게 볼 수 있는 곳은 고구려 고분 벽화이다. 고구려 고분 벽화는 이천 년 전
기운생동 철학을 그려낸 소중한 보물이다. 대부분의 고구려 고분 벽화 천장에는 선仙과 불佛의
혼합적 내세관의 표현으로 청룡, 백호, 주작, 현무의 사신도가 그려져 있다. 사신도의 장면들은
경쾌하고 구름과 바람에 뒤섞여 힘 있게 앞으로 내닫는 듯 활력이 넘쳐흐른다. 진파리
1호분眞坡里一號墳의 벽화에서는 금방이라도 소나무의 푸른 잎이 돋아나고 꽃들이 피어오를 듯
생동감 넘치는 들판과 강렬한 불꽃무늬가 시선을 사로잡는다. 이는 부동의 이집트 벽화와는
전혀 다른 감동을 선사한다. 복식 또한 어떠한가? 5세기에 조성된 삼실총三室塚에서는 바람에
나부끼는 드리개가 달린 일산日傘 아래 엉덩이를 덮은 긴 저고리와 주름치마를 입고 바쁘게 걸어가는
세련된 귀부인의 모습을 볼 수 있다. 한편 무용총 수렵도에서는 힘차게 달리는 말을 타고 몸을
완전히 뒤로 돌려 화살을 당기는 고구려 무사와 흥겹게 춤추는 남녀를 볼 수 있는데 이들은
모두 짙은 색의 선을 둘러 생명력 넘치는 움직임의 기운을 강조한 옷을 입고 있다. 이처럼 강한
선을 두른 디자인은 조선시대까지 이어져 여인 저고리의 깃과 고름, 소맷부리 부분에 다른 색을
조화시킨 회장저고리로 남아 있다.

삼국시대는 남녀 복식이 크게 다르지 않았고, 남자는 물론 여자도 바지를 겉옷으로 착용했다.
바지의 형태는 바지통이 매우 넓은 것부터 빠른 보행에 편리하도록 바지통이 좁은 것까지 다양했다.
바짓부리를 가느다란 끈으로 오므려 묶거나, 별도의 좋은 옷감으로 넓은 선단을 대어준 것, 말을
타거나 활동할 때 편리를 도모하기 위해 가랑이 사이에 큼직한 당襠을 대어 엉덩이 밑이 축 늘어져
보이는 현대적 바지까지 형태가 각양각색이었고, 착장법 또한 다채로웠다. 이렇게 다양했던 바지가
유교 사상이 지배적이었던 조선시대에 와서 남성의 바지는 사폭바지로 일원화되었고, 여인의 바지는
치마 속으로 들어가 독창적인 속옷 형태로 새롭게 탄생했다. 조선시대 여자가 겉옷으로 입은 바지는
말군이 유일하다. 말군은 일종의 승마바지로, 포나 치마 위에 덧입을 수 있도록 폭이 넓고 뒤가 트인
것이 특징이다. 조선시대 말군에서 삼국시대 역동적이었던 바지의 미학을 어슴푸레 느낄 수 있다.

옷감의 종류와 무늬의 조형성에서 찾아볼 수 있는 역동성도 조선시대 이전과 이후는 사뭇 다른
분위기다. 현재 명맥이 끊긴 옷감들은 사료를 통해 형태를 예측하는데, 견직물인 금錦, 모직물인
계罽에는 고난도 기술이 필요한 중조직重組織의 직조법으로 대담하고 간결한 무늬를 표현했던 것을
알 수 있다. 명주나 베와 같은 평직 옷감에는 목판형을 파서 입체적으로 무늬를 찍는 인화염이나
붓으로 그리는 채회염 방식으로 무늬를 표현했다. 무용총을 비롯해 다수의 벽화에서 보이는
비정형적 원형과 사각형의 점무늬는 간결하지만 물방울이 흘러내리는 듯하기도 하고 직사각형의
반복으로 현대의 리드미컬한 기하무늬가 연상되기도 한다. 동암리 고분 벽화의 격자무늬 또한
붉은색과 검은색의 보색 배열로 단순하면서도 화려한 심미적 감동을 일으킨다. 이처럼 기마민족의
뿌리에서 비롯되는 역동성은 우리 복식사의 중요한 흐름이다. 마치 오늘날 기능성 의상처럼
대담한 무늬와 활동성을 보장하는 기능적 요소가 역동적인 매력을 만들어냈다.

무용총 벽화와 점무늬 의복

Muyongchong murals and clothing
featuring contemporary dotted pattern

무용총舞踊塚은 중국과 북한의 국경 부근 집안集安 지역에 있는
고분으로 벽화에는 5세기 초반 고구려 사람들의 생활상이
잘 드러나 있다. 무용총 벽화에 있는 남자 무용수는 바지저고리
차림으로 저고리 길이는 엉덩이까지 오고, 깃과 소맷부리,
도련에는 짙은색으로 선襈을 둘렀으며 허리띠를 맸다.
바지는 통이 좁고 엉덩이 부분이 삐죽하게 나온 독특한 형태를
보인다. 이는 말을 타거나 활동에 편안하도록 바짓가랑이 사이에
큼직한 당襠을 대어준 것으로, 문헌에는 궁고窮袴라는 명칭으로
기록되어 있다.

무용총 벽화뿐 아니라 쌍영총, 각저총, 삼실총, 장천 1호분,
안악 2호분 · 3호분 등 5세기 무렵 집안 지역과 평양 지역
고분 벽화에는 원형, 타원형, 정사각형, 직사각형 등 각종
기하무늬가 산점 구도로 배열된 남녀 의복이 매우 많이 보인다.
비정형적 점무늬는 남녀 바지저고리는 물론 여자의 겉옷에도
다양하게 활용되어 당시 고구려에서 유행한 것으로 추측된다.
무늬는 직조하기보다는 붓으로 그리는 채회염彩繪染이나 목판에
무늬를 새겨 염료를 찍는 인화염印花染으로 표현했을 것으로
생각된다. 점무늬는 현대 패션에서도 자주 사용하는 요소인데
이천여 년 전 고구려 의복에서 볼 수 있으니, 고대 한국인이
얼마나 세련된 미적 감각을 지녔는지 새삼 느끼게 한다.

고구려 무용총舞踊塚 점무늬 의복 5세기

김호득 화백의 점무늬 작업

무용총에서 보이는 무용수의 점무늬 바지저고리를 바탕으로
작품을 제작했다. 도톰하게 제직한 평직의 주紬 소재를 천연 염색
후 동양화가 김호득 화백이 고대 채회염 방식으로 생동감 넘치는
무늬를 표현했다. 바짓가랑이 사이에 당을 달아 고분 벽화에서
표현된 바지의 실루엣을 재현하였다.

점무늬 의복 | 견, 정은미, 2019

동암리 고분 벽화와 격자무늬 의복

Dongamri murals and clothing featuring a checkered pattern

평안남도 동암리에 있는 고분은 4세기 후반에 축성된 것으로
1987년 북한의 사회과학원 고고학연구소에서 발굴, 조사해
우리에게는 그 존재와 내용이 상대적으로 많이 알려지지 않은
벽화이다. 고분 내의 벽화는 발굴 당시에 대부분 박락되어
있었으나 일부 잔존한 벽화 조각을 통해 그 내용을 유추할 수 있다.
지금까지 알려진 고구려 고분 벽화와 달리 사냥 장면, 춤추는
장면, 곡예 장면 등 생활 풍속을 중심으로 구성되어 있어, 당시
고구려인의 일상과 문화를 엿볼 수 있는 중요한 자료로 평가된다.
특히 다양한 옷차림의 남녀 인물들이 자세히 묘사되어 있어,
상의와 하의는 물론 모자와 신발에 이르기까지 고구려의 다양한
의복 형태와 색상 등을 연구하는 데 귀중한 자료가 되고 있다.

벽화 속에 남아 있는 남성 의복은 청색과 홍색, 검은색과 흰색이
강렬하게 대비를 이루는 격자무늬가 특징이다. 넓고 직선적인
실루엣의 바지와 짙은 색상의 선을 두른 저고리의 모습에서
당시의 호방하고 역동적인 기풍이 두드러진다. 옷감의 간결한
무늬와 보색의 효과를 잘 조화시킨 색상 조합은 단순하고도
화려해 심미적인 감동을 일으킨다. 우리가 흔히 체크무늬라고
부르는 격자무늬 방격문方格紋은 3~4세기 중앙아시아 로프현
산프라, 하미에서 출토된 모직물과 견직물에서도 확인할 수 있다.

동암리 고분 벽화를 바탕으로 격자무늬 의복 작품을 제작했다.
고대 우리 민족이 모직물인 계로 만든 의복을 착용했다는
삼국시대의 문헌 기록을 바탕으로, 모사毛紗를 사용해 벽화 속에
남아 있는 격자무늬를 구현함으로써 강렬하고 화려한 고구려의
복식을 재현했다. 수직기로 제작할 때 경사는 소색素色 모사를,
위사는 주황색과 청색, 먹색으로 선염한 모사를 이중으로 걸어서
위금緯錦을 제작해 사용했다. 바지는 동암리 벽화에 나타난
실루엣을 완성하기 위해 심지를 넣어 제작하고, 바짓부리는
바지통을 접어 대님으로 묶어 연출했다.

하미 출토 방격문 펠트
기원전

신장 니아 출토 방격문 금포
1~3세기. 신장문물고고연구소 소장

로프현 산프라 출토 직물
3~4세기

고구려 동암리 고분 벽화東岩里 古墳壁畵 격자무늬 의복 4세기

격자무늬 의복 | 모, 이경선, 2019

수산리 고분 벽화修山里 古墳 壁畵 5세기

수산리 고분 벽화와 주름치마

Susanri murals and a pleated *Chima*

5세기 말에 조성된 고구려 수산리 고분 벽화 중 널방 서벽
벽화에는 주인공 묘주 부부가 가솔을 이끌고 출타하는 모습부터
곡예를 관람하는 장면까지 다양하게 묘사되어 있다. 그림 속의
다채로운 모습은 고구려 복식사 연구에 중요한 자료가 되고 있다.
수산리 고분 벽화의 여자 묘주는 붉은 연지를 칠하고 긴 저고리와
길이가 긴 색동 치마를 입어 당시 상류층 여인의 화려한 취향을
느끼게 한다. 한편 기마 출행 대열 끝에 있는 시종의 치마는
단순하지만 길이가 길고 폭이 넓으며 허리부터 밑단까지 주름을
곱게 잡아 현대적 미감을 보인다.

이처럼 고구려의 기본 저고리 형태는 엉덩이를 가릴 정도로
길이가 길고, 허리에 대를 묶어 여몄다. 저고리의 깃과 도련,
소맷부리 등 가장자리에 몸판과 다른 색상이나 무늬가 있는
옷감을 사용한 것은 옷이 닳아 해지거나 더러워지는 것을
방지하는 역할을 함과 동시에 아름다움을 추구한 것으로 보인다.
치마는 바닥에 닿을 정도로 길고 밑단으로 갈수록 넓게 퍼지는
곧은 주름이 잡힌 것이 특징적이다. 일본 나라 지방의 다카마쓰
고분 벽화에서도 고구려의 영향을 받아 긴 저고리와 주름치마를
입은 여인들의 옷차림을 확인할 수 있어서 흥미롭다.

오른쪽
수산리 고분 벽화修山里 古墳 壁畵의 일부 확대 5세기

고구려 여인 의복 | 견, 김정아, 2016

고구려 쌍영총雙楹塚 5세기

수산리 고분 벽화에 표현된 여인의 모습을 바탕으로 5세기 고구려
여인의 한복을 재현했다. 현대 여성의 체형에 맞게 조정했으며,
회화 자료에 보이는 실루엣을 최대한 아름답게 표현할 수 있도록
패턴을 개발했다. 저고리는 엉덩이를 덮는 긴 길이로 제작하고
허리에는 대를 묶어 여몄다. 저고리의 깃과 소맷부리, 도련에는
몸판과 다른 검정 선단을 둘렀는데 만卍자 무늬가 있다. 전체적으로
선단의 너비는 9㎝이며 저고리 도련에 두른 선단 너비는 11.5㎝로
안정감 있는 비례미를 찾아 균형을 이루도록 했다. 치마는 바닥에
닿을 정도로 길이가 길고 밑단으로 갈수록 넓게 퍼지는 주름을 잡아
강렬한 역동성을 더했다. 치마의 절도 있는 주름을 구현하기 위해
견과 모를 혼합한 두께감 있는 이중 직물로 강한 힘이 느껴지는
주름선을 A라인으로 표현했다. 주름의 너비는 겉주름 1.5㎝,
안주름 6.5㎝이다.

백제의 왕이 입었던 청금고

Cheong-geumgo, worn by Baekje kings

"봄 정월 초하룻날에 임금이 자대수포紫大綉袍와 청금고靑金袴,
　오라관烏羅冠, 소피대素皮帶, 오위리烏韋履를 신고 남당에 앉아 정사를 보았다."

－「삼국사기 三國史記」권 제24, 4장

금錦 직물은 다양한 색실을 사용해 무늬를 짜 넣은 중조직의
전통 직물 소재이다. 우리나라 금 직물은 "부여 사람들이
증수금계繒繡錦를 착용했다."는 「삼국지」 동이전東夷傳의 기록에
최초로 등장하며, 「삼국사기」에는 백제의 왕이 푸른색 금직
바지를 입었다는 기록이 남아 있다. 백제는 화려한 색채와
정교한 문양의 비단을 제작하는 기술이 뛰어났으며, 백제에서
일본으로 전해진 금직 기술은 '한금韓錦'이라 불리며 일본 직물
문화 발전의 토대가 되기도 했다.

이처럼 문헌 기록은 풍부하게 남아 있지만, 유물은 거의 전하지
않아 실제 모습을 구체적으로 확인하기는 어렵다. 이에 온지음은
청금고靑錦袴 재현을 위해 일본 나라현 정창원正倉院에 소장된
한금과 북조北朝 시대의 금 직물 무늬를 참조해 현대적 직조
방식으로 제직했다. 경사는 파란색을 사용하고, 위사는 녹색,
빨간색, 노란색, 흰색을 조화롭게 조합했으며, 바탕은 1/3
능직綾織의 방식으로 정교하게 제직했다.

길상천왕금吉祥天王錦
6~7세기 초반 추정, 개인 소장

한금韓錦
8세기, 정창원正倉院 소장

오른쪽
온지음 옷공방 제직 청금靑錦

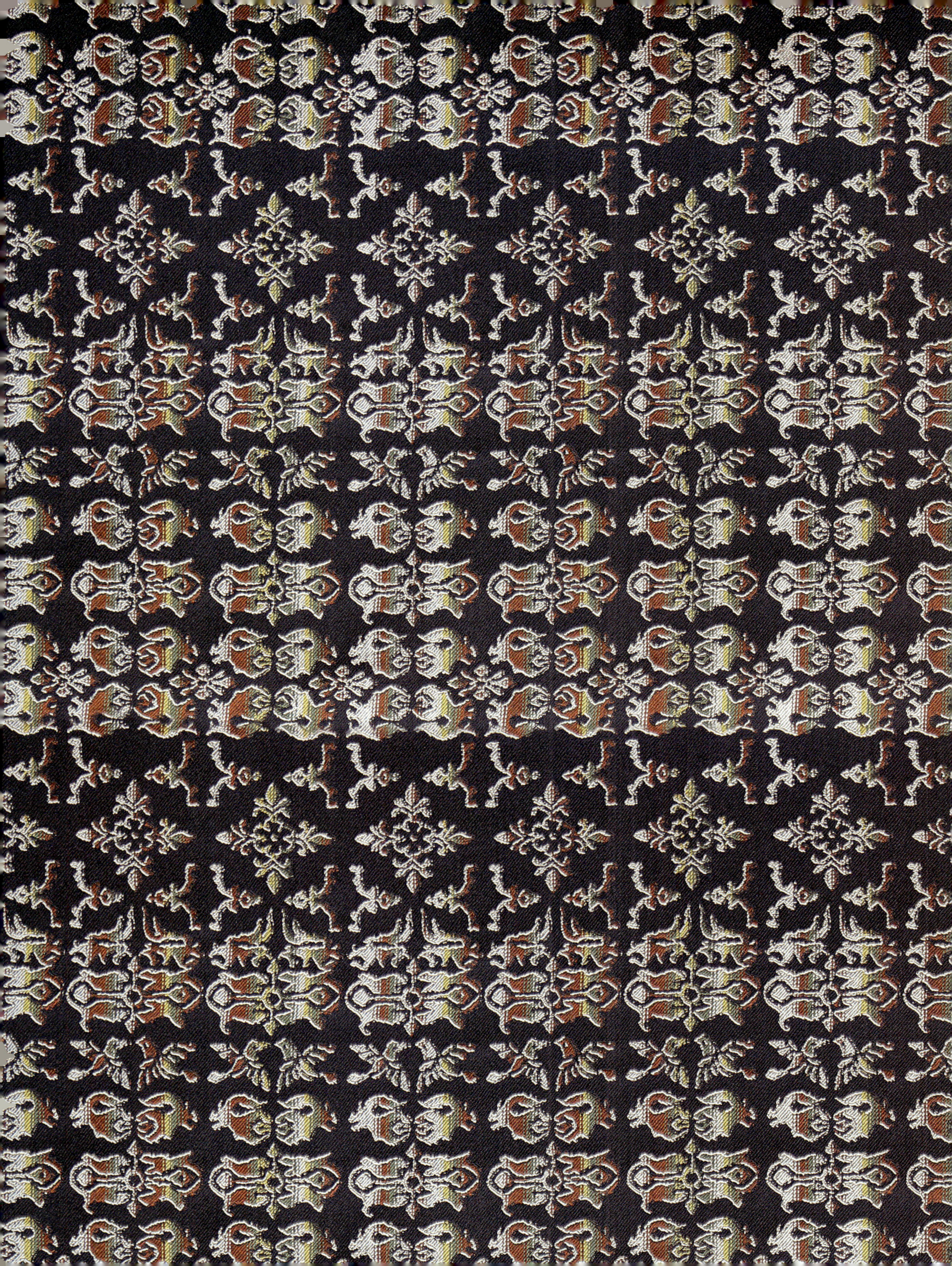

백제의 왕이 입었던 청금고는 6세기 각국 사신의 모습을 그린
「왕회도王會圖」에 묘사된 백제 사신의 복식, 일본 정창원에 소장된
대구고大口袴, 중앙아시아 지역 출토 유물 등의 연구를 바탕으로
대구고와 세고 두 가지 형태로 재현했다. 두 바지 모두 당시
복식의 특징을 반영해 당襠이 달린 구조로 제작했다.

청금 대구고는 정창원에 소장되어 있는 오공吳公의 바지를 참조해
바지통이 넓은 형태로 구현했는데, 이는 「왕회도」 속 사신들의
복식에서도 확인되는, 삼국시대에 널리 착용된 전형적인 바지
형태이다. 반면 청금 세고는 중앙아시아 출토 유물을 참고하여
바지통이 좁은 형태로 제작했다.

왼쪽
청금 대구고 | 견, 정은미, 2019

오른쪽
청금 세고 | 견, 이경선, 2019

안압지 출토 보상화무늬 전돌
7~8세기, 국립경주박물관 소장

보상화무늬 모직 카펫 華氈
8세기, 정창원 소장

팔각고려금상八角高麗錦箱
8세기, 정창원 소장

페르시아풍 보상화무늬 배자

Persian-style imaginary flower pattern bo-sang-wha
Baeja women's ceremonial robe

보상화寶相華무늬 배자褙子는 AD 752년, 일본 나라현에 있는
동대사東大寺의 부처님 개안식開眼式 법회에서 악무가 입었던 옷이다.
오른쪽 가슴 뒤에 '동대사 전 오녀육년東大寺 前 吳女六年'이라고 쓰여
있는 묵서墨書에 따라 '오녀 배자'라고도 부른다. 옷감에 시문된
보상화 무늬의 특성으로 볼 때 통일신라의 것으로 짐작할 수 있다.

보상화무늬는 고대 직물에 많이 사용한 꽃무늬로 실재하는
꽃이 아니라 종교적 의미의 천상의 꽃을 도안한 것이다.
7세기 전후 페르시아에서 시작해 한국과 중국으로 전해지며
좀 더 동양적이면서 부드럽고 풍만한 문양으로 변화했고,
이는 직물을 비롯해 전돌, 와당, 수막새 등 여러 공예품에
유행했다. 경주 안압지와 황룡사지에서 출토된 통일신라시대
전돌에서도 보상화무늬를 다수 찾아볼 수 있다. 보상화무늬가
시문된 직물도 많았을 것으로 여겨지나 안타깝게도 유물은
거의 남아 있지 않다.

대신 8세기 일본 성무천황이 지은 정창원에는 성무천황 사후에
부인이 헌납한 수천 점의 생활용품과 통일신라에서 사찰 건립 시
보낸 많은 기증품이 남아 있다. 배자에서 보이는 보상화무늬와
유사한 직물이 정창원 남쪽 창고에 보관되어 있다. 동경을
담았던 상자의 뚜껑과 바닥에 배접한 자색 바탕에 오색으로 짠
보상화무늬 금은 일본에서도 정창원 고문서에 기록된
고려금高麗錦에 해당한다고 인정했다. 여기서 고려는 고려시대를
뜻하는 것이 아니라 고대 우리나라를 지칭하는 용어로 고려금은
한국의 특성이 있는 금 혹은 한국에서 들여온 금이라는 뜻이다.

정창원에는 이외에도 바탕색이 다른 보상화무늬 고려금으로
만든 버선과 배자 등 의복, 사찰을 장엄하게 꾸미는 깃발이나
귀한 악기를 싼 주머니 등 유물이 수십 점 남아 있다.
하지만 동경 상자에 쓰인 직물과 같이 정확히 고려금이라는
출처를 밝히지 않아 앞으로 좀 더 깊은 사료 연구와 과학적
방법을 동원해 출처가 밝혀질 수 있기를 바란다.

오른쪽
오악 오녀 배자 직물吳樂 吳女背子織物
8세기, 도쿄국립박물관 소장

오녀 배자의 겉감은 보상화무늬 위금을 현대 직기로 제직했다.
안감은 다듬질한 면주綿紬이다.

온지음 옷공방에서 제직한 보상화무늬 위금

보상화무늬 배자 | 견, 이경선, 2024

귀족의 옷 반비

Banbi, a garment for nobility

반비半臂는 소매가 짧은 남녀의 덧옷이다. 「삼국사기」 권 33
잡지 색복조色服條에 기록되어 있는 통일신라 흥덕왕興德王, 777~836
9년(834) 복식금제에 처음으로 반비라는 명칭이 등장한 이후
기나긴 역사 속에서 다양하고 개성 있는 모습으로 발전해 왔다.

통일신라시대 반비는 남녀 구분 없이 귀족만 착용이 허용됐다.
반비는 모직물의 일종인 계罽, 다채색 무늬를 직조한 비단인
금錦, 그물처럼 얇은 비단인 라羅 등 최고급 직물로 만들었다.
심지어 금과 은으로 장식된 것도 있어 실용성보다 장식성을
목적으로 입었음을 알 수 있다. 「청장관전서青莊館全書」에 실린
원나라 궁사宮詞 중에는 "궁의가 새로 고려양 유행되니宮衣新尙高麗樣 /
모난 옷깃에 허리까지 내려오는 반비를 걸쳤네方領過腰半臂裁 /
밤마다 궁중에서 서로 빌려다 구경하니連夜內家爭借看 /그 맵시 일찍이
임금의 눈에 든 때문일세爲曾看過御前來"라는 구절이 있어 고려시대
반비의 존재를 알려준다. 이처럼 반비는 시대에 따라 형태는
다르지만 간편하게 덧입을 수 있는 옷이라는 점에서 배자와
일맥상통한다. 반비 유물은 국내에는 남아 있지 않지만 일본
정창원에 우리나라에서 전해졌을 것으로 추정되는 반비가 남아
있어 당시의 모습을 가늠해 볼 수 있다.

정창원 남자 무악인의 반비 유물을 축소하여 통일신라시대
여인의 반비를 제작했다. 앞에서 여며 입을 수 있도록 매듭
단추를 달았고 소매와 도련에는 같은 옷감으로 주름 장식을 더해
화려함을 강조했다. 겉감은 무늬가 없는 면과 마의 교직물을
다듬질하여 은은한 광택이 난다. 안감은 능직綾織의 견직물로
소매와 도련의 주름 장식에도 동일한 소재를 사용했다.

자능반비紫綾半臂 8세기, 정창원 소장

여자 반비 | 면, 마, 견, 이홍순, 2011

허리 장식이 아름다운 요선철릭

Yoseon-Cheolrik with gorgeous decoration around the waist

철릭帖裏은 고려시대부터 조선시대까지 남자들이 즐겨 입은
포로 허리 아래 치마를 따로 재단하고 치마 부분에 주름을
잡아 허리와 연결한 옷이다. 조선시대 관리들이 외국에 사신으로
파견되거나 임금을 궁궐 밖에서 호위할 때 철릭을 입었다.
철릭은 양 소매가 모두 긴 것, 한쪽 소매만 반수半袖인 것, 양쪽
소매가 반수인 것이 모두 발견되며, 그 위에 답호를 입기도 했다.
조선 초기에는 상의와 하의 비율이 거의 같았으나 조선 후기로
갈수록 치마 비율이 늘어나 상의의 세 배 정도로 길어졌다.
주름 간격이 넓어졌고, 소매는 좁은 소매에서 넓은 소매로
변화했다. 명나라 때 편찬된 「삼재도회三才圖會」에는 철릭을 입은
고려 사신의 모습이 남아 있다.

요선철릭腰線帖裏은 허리에 장식한 아름다운 요선이 특징이다.
요선은 실을 엮어 부착한 것과 천을 말아 부착한 것 두 종류가
있는데, 조선 전기 무신 변수邊脩 묘 출토 유물에서 두 형태를
모두 볼 수 있다.

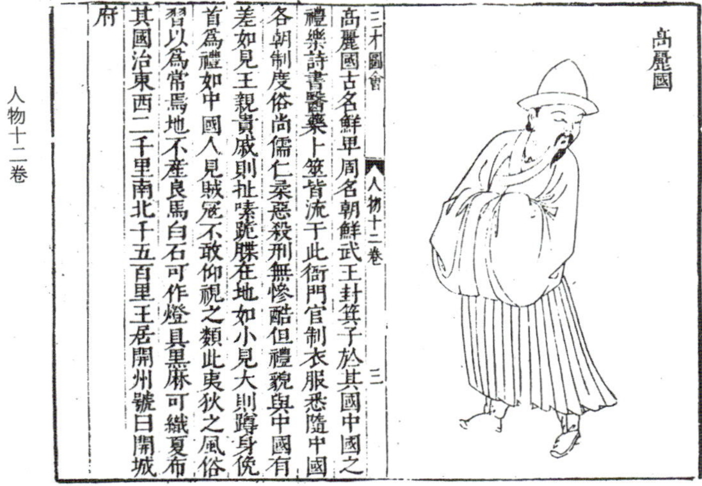

「삼재도회三才圖會」 인물 12권 「고려국」 왕기王圻, 1498~1583. 16세기 말~17세기 초

변수邊脩, 1447~1524 묘 출토 요선철릭
16세기, 국립민속박물관 소장

변수 묘 출토 요선철릭을 참조하여 겉감과 안감은 명주를
사용하여 제작했다. 요선 장식 부분은 13㎝ 너비로, 견사 두 올을
한 쌍으로 꼬아 0.3㎝ 간격으로 총 23줄을 장식했다.

요선철릭 일부 확대

요선철릭 | 견, 이경선, 2015

「동래부사접왜사도」와 말군

Dongnarbusa-jeobwaesa-do *a painting of excursion* and *Malgun*

말군襪裙은 조선시대에 말을 타고 외출할 때 덧입었던 기능적인
의복으로 남녀 모두 착용했다. 포나 치마 위에 덧입을 수 있도록
바지폭이 넓고 뒤가 트였다. 1785년 황해도 안능安陵 지역에
부임하는 신임 현감의 환영 행렬을 그린 김홍도金弘道, 1745~1806 추정의
「안능신영도安陵新迎圖」에서 남녀가 포와 치마 위에 말군을 덧입고
말을 타는 모습을 확인할 수 있다.

조선 후기 「가례도감의궤嘉禮都監儀軌」에 왕비의 백색
화문릉花紋綾으로 만든 겹으로 된 말군과 시녀, 상궁, 기행나인의
백색 명주 말군이 나온다. 이처럼 궁중에서는 말군의 전통이
19세기까지 유지되었으나, 부녀의 기마 풍속이 점점 사라짐에
따라 반가 여인들의 말군은 사라진 것으로 보인다. 조선 후기
「동래부사접왜사도東萊府使接倭使圖」에서는 말군을 입은 기녀와
남자의 모습을 볼 수 있다.

「악학궤범樂學軌範」 권8의 여기복식도설女妓服飾圖說에도 말군
기록을 볼 수 있는데 흰색 단緞, 사紗, 라羅, 능綾, 초綃 등으로
만든다고 하였다. 함께 제시된 도상을 보면 통이 넓고
바짓부리가 오므려졌으며 뒤가 갈라지고 허리끈이 달려 있고,
어깨에 걸치는 끈이 있음이 확인된다.

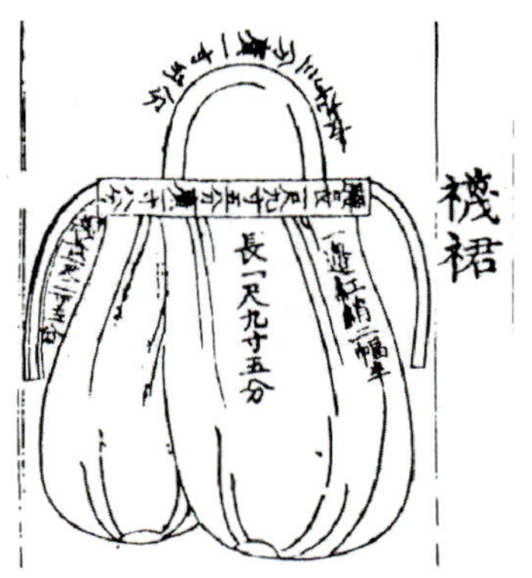

동기의 말군
「악학궤범樂學軌範」, 15세기 말

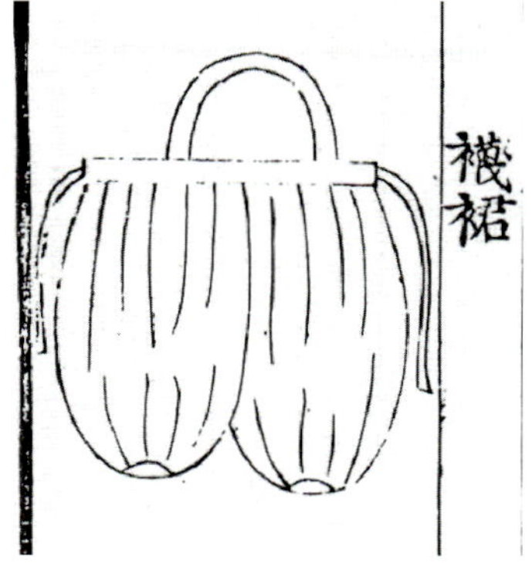

여기의 말군
「악학궤범樂學軌範」, 15세기 말

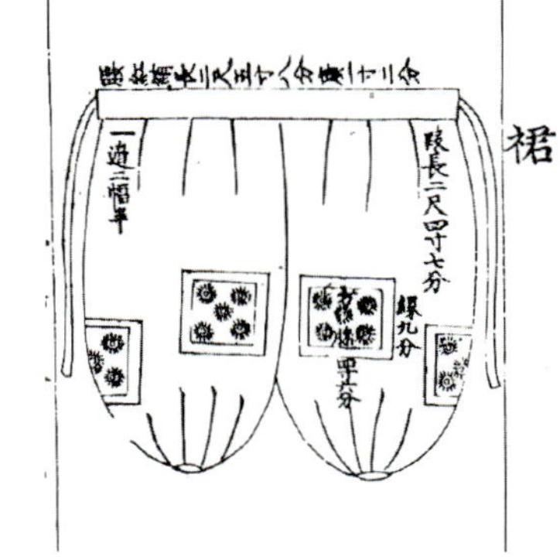

처용의 말군
「악학궤범樂學軌範」, 15세기 말

오른쪽
「동래부사접왜사도東萊府使接倭使圖」 일부 확대
작자 미상, 1813년 이후 추정, 국립중앙박물관 소장

말군 | 견, 정은미, 2019

회화 자료를 통해 본 말군의 착용 모습은
허리 말기가 겨드랑이에 이르며, 트인 가랑이
사이로 안에 입은 옷이 보인다. 좁은 부리에
발을 넣고 나면 넓은 바지폭 안에 치마나 긴
포를 정리할 수 있는 공간이 확보되는 형태다.

말군의 실물 자료는 지금까지 조선 전기
여성의 묘에서 출토된 두 건이 보고되어
말군의 형태와 구성법을 알 수 있는 중요한
자료가 되고 있다. 2004년에 인천 석남동
회곽묘에서 발굴된 말군은 인천시립박물관,
해주 오씨海州吳氏, 미상~1520 묘에서 발굴된 말군은
국립안동대학교박물관에 소장되어 있다.
소재는 전자가 숙초熟綃, 후자가 세주細紬로
모두 견직물이다. 15~16세기에 제작된 것으로
추정되는 두 건의 말군은 뒤트임의 개당고로
바짓가랑이를 잇는 방법, 허리의 맞주름,
바짓부리 주름을 접는 방법 등이 유사하고 완성
형태가 거의 같다. 다만 인천 석남동 말군은
허리끈을 허리 말기에 넣어 만든 흔적만
보였으나 동일한 방법으로 바느질한 해주 오씨
말군은 온전하게 남아 있었다.

인천 석남동 회곽묘 출토 유물을 바탕으로
말군 작품을 제작했다. 소재는 밀도가 치밀한
평직의 견직물을 소색으로 염색하여 사용했다.
바지통 하나에 44인치 세 폭씩을 사용해 총 여섯
폭으로 제작하고, 허리 양쪽 아랫부분에 큰 주름
네 개씩을 포개어 잡아 밑단으로 향하는
주름분이 뭉치지 않고 자연스럽게 벌어지면서
떨어지도록 했다.

인천 석남동 회곽묘 출토 말군 15~16세기 추정, 인천시립박물관 소장

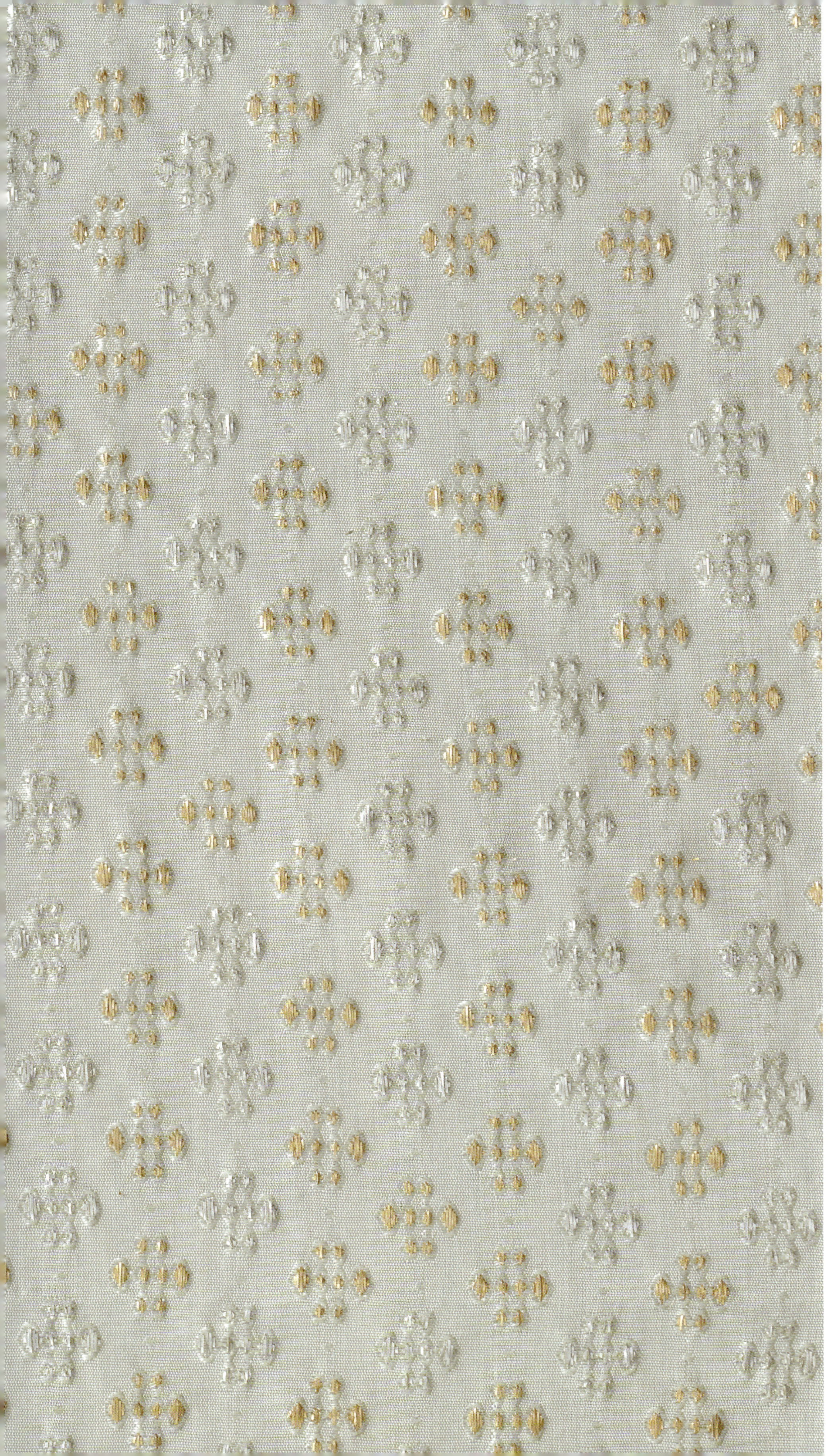

우아하고 화려함

ELEGANT AND EMBELLISHED

옷

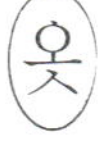

Elegant and exquisite aesthetics, reflecting the culture of nobility

The Goryeo Dynasty[918-1392] prospered with an open and inclusive culture, benefiting from constructive exchanges with surrounding countries such as the Song, Liao, Jin, and Yuan Dynasties. It welcomed settlers from across borders, who brought varied and diverse cultures and skills with them. Goryeo's artisans enthusiastically embraced these new cultures and skills and developed their one-of-a-kind art and crafts. Together with the influences of Buddhism, which was flourishing at the time, and supported by the appreciative Goryeo nobility, Goryeo became widely renowned as the producer of the best celadons, lacquerwares inlaid with mother-of-pearl, *hanji*, Buddhist paintings, and textiles such as twill damask.

Goryeo costumes were no different; they were also sophisticated and aristocratic. Buddhist paintings from the dynasty show elegantly draped *jeogori*, *chima* and shawls. Some of the fabrics found among valuables concealed within Buddha statues include complex silk gauze, or ra, silk with supplementary gold and silver wefts, or *jig-geum*, and *o-saek-geum*, woven with five colors of warp and weft threads, all of which hint at the glamour of Goryeo dresses. Studying these historical artifacts, Onjium produced a complex silk gauze with current techniques and reconstructed what the noble Goryeo lady in the painting of introduction of "Amitāyur Contemplation Sūtra" would have worn in reality. Also, referring to the Amitabha garment from 1302, Onjium reinterpreted a noble woman's *jeogori* from the Goryeo Dynasty and created a green raw silk fabric embroidered with small flowers using gilt paper threads.

Pants from the era are also unique and elegant. First and foremost, there is *maldugo*, a type that combines both pants and socks. While no artifact has been found, it is mentioned in "Goryeosa," an official historical record of the dynasty, and a drawing of similar pants can be found in a book on court music, "Ak-hak-gwe-beom," from the early Joseon Dynasty. Onjium reconstructed a *maldugo* using a fabric embroidered with gold and silver threads in a geometric pattern, also inspired by valuables found in Buddha statues from Goryeo era. Going further back, Onjium took inspiration from clay figures excavated from Silla[57 BCE-935CE] tombs in Hwangnam-dong, Gyeongju, and recreated pants for the upper-class using drapey silk fabric and fine pleats. The Goryeo Dynasty's taste for refinement and elegance remained relevant until the early Joseon Dynasty. One of the most impressive pieces from the period is *geodeul-chima*, a ceremonial skirt for upper-class women in the 16th century. It had either darts or folds at the waist and the back draped with volume, resembling a Western ball gown.

These elegant and glamorous dresses break the stereotypical idea that Korean aesthetics long leaned towards understated beauty. However, the style differentiates itself from the more imposing Chinese styles, being based on naturalistic beauty, never veering into extravagance.

귀족 문화를 반영한 우아 · 화려미

고려시대는 송, 요, 금, 원 등 인접한 주변 국가들과 실리적 교류를 통해 한반도 역사상 가장
개방적이고 다양성이 존재하는 사회를 이루었다. 주변국에서 넘어온 귀화인으로부터 다채로운
문화와 기술이 유입되었고 이를 고려의 장인들이 선택적으로 수용하고 창의적으로 변용하며
고려만의 독특한 공예 문화를 이뤘다. 또 불교가 번성하며 크게 발전한 시기로 당시 귀족들은
고상함과 화려함을 추구하며 자신들의 지위와 부를 과시하고자 했다. 이러한 고려 귀족의 기호와
취향은 불교 의례에 필요한 공예품을 생산하는 장인들을 우대하는 분위기를 조성했고, 청자,
나전칠기, 한지, 불화, 능라 같은 최고의 명품을 생산했다.

이처럼 공예 분야에서 이룬 미적 성취와 함께 고려의 의복 또한 고도의 예술성을 갖춘 귀족적
면모를 보였다. 고려불화에 그려진 드레이프가 있는 저고리, 치마, 숄 등에서 삼국시대,
조선시대와는 또 다른 우아함을 확인할 수 있다. 고려시대 왕실과 귀족 사이에서 유행했던
불상, 석탑 제작 또한 중요한 자료가 되고 있다. 불상을 만들 때 복부 내에 불경, 발원문, 오향,
오약, 오곡, 오색실과 함께 발원자의 명복을 기원하기 위해 그들이 입었던 옷과 옷감 조각을
함께 넣고 밀폐하는 습속이 있었다. 이를 불복장佛腹藏이라 하는데 부처의 몸 안이 일종의 진공
상태를 유지하여 마치 어제 넣은 것처럼 옷감이 손상되지 않고 색상까지 원형 그대로 남아 있는
경우가 많다. 이는 몇 백 년 후 불상에 새롭게 금칠을 할 때 세상에 공개되곤 한다. 그물과 같이
투명하고 섬세한 라羅, 한지에 금은박을 붙여 가는 실을 만들어 직조한 직금 직물, 오색실을 경위사에
사용해 짠 오색금五色錦 등 고려시대 불복장품으로 발견되는 직물은 당시의 화려한 의복 문화를
짐작하게 한다. 온지음은 이를 바탕으로 현대적 방법으로 새롭게 제직한 고려시대 라 직물을 이용해
「관경서품변상도觀經序品變相圖」에 표현된 고려 여인의 우아한 모습을 재현했다. 또 1302년 아미타불
복장품을 참조해 두터운 주紬에 고려시대에 유행한 작은 꽃무늬를 편금사로 수놓아 직금 직물의
화려한 느낌을 더하고, 이를 고려 여인의 녹색 저고리 복식으로 재현하기도 했다.

이 시대 바지 또한 창의적이고 우아하다. 대표적으로 버선 달린 바지 말두고襪頭袴를 꼽을 수 있다.
현재 유물은 전해지지 않으나 「고려사高麗史」에 명칭이 등장하고, 또 조선 초기 궁중음악 관련
서적인 「악학궤범樂學軌範」에서도 유사한 복식의 도식화를 확인할 수 있다. 온지음은 고려시대
불복장품을 바탕으로 새롭게 개발한 금은사로 수를 놓은 기하무늬 직물을 사용해 말두고를
제작했다. 또한 고려 인종仁宗 때 송宋나라 사신이었던 서긍徐兢이 쓴 고려 견문록, 「고려도경高麗圖經」에
근거해 고려 여인들이 입었던 무늬가 있는 비단인 문릉紋綾으로 넓은 바지寬袴를 만들었다. 시대를 더
거슬러 올라가 경주 황남동 고분에서 출토된 부부의 토용을 참고해 고운 주름을 잡은 우아한 귀의
바지를 재현한 것도 빼놓을 수 없다. 주름 바지는 드레이프성이 좋은 라 직물을 사용해 미적인
감각을 극대화했다. 고려시대의 우아한 의복은 조선 전기까지 부분적으로 이어졌다. 16세기 상류층
여인의 예복 치마였던 거들치마가 대표적 예로 긴 치마의 앞자락 상단에 다트나 주름을 넣고
뒷자락은 볼륨감 있게 끌리는 모습이 서양의 볼가운 드레스를 연상케 한다. 치마 밑단에는 금박을
장식해 화려한 분위기를 더했다.

이렇게 우아하고 화려한 복식을 보면 한국의 미는 소박함에 있다는 고정관념이 여지없이 깨진다.
하지만 자연주의 미의식을 바탕으로 화려하되 결코 사치스럽지 않고, 중국 복식의 권위적 느낌과는
차별화된다. 「삼국사기三國史記」 권 23 백제본기百濟本紀에 기록된 백제 궁궐 건축에 대한 기록
"화려하지만 사치스럽지 않다."는 화이불치華而不侈의 철학이 후대까지 이어지고 있음을 알 수 있다.

부드러운 주름의 백습고

Back-seup-go, featuring delicate folds

경주 황남동 고분에서 출토된 5세기의 부부 토우夫婦土偶는 세로
방향으로 선이 있는 바지를 입고 있다. 바지에 주름을 잡은
것으로 볼 수 있는데, 중앙아시아에서 출토된 여러 유물에서도
이러한 주름 바지를 확인할 수 있다. 818년에 제작된 이차돈異次頓
순교비에서는 주름이 잡힌 아주 풍성한 실루엣의 바지도 볼 수
있다. 비석에 새겨져 형태를 정확히 파악할 수 없지만, 중국
오대五代의 유림굴楡林窟 벽화를 통해 풍성하게 주름을 잡고
바짓부리에서 모아 고정했음을 짐작할 수 있다.

백습고 작품은 오대 유림굴 벽화 자료를 참조해 앞이 짧고 뒤가
긴 형태로 제작하고, 중국 위진魏晉 시대 유물을 바탕으로 5㎜
이하의 가느다란 주름을 잡았다. 소재는 삼국시대부터
조선시대까지 널리 사용된 라羅를 현대적으로 제직하여 사용하여
풍성한 주름 바지의 우아함을 표현했다.

경주 황남동 출토 토용 5세기, 국립경주박물관 소장

백습고 | 견, 이경선, 2019

통일신라 여인 의복 | 견, 이경선, 2016

경주 용강동 출토 토용
8세기, 국립경주박물관 소장

통일신라 귀족 여인의
새로운 유행

New trend for noblewomen
during the Unified Silla period

통일신라는 당唐나라의 문물을 받아들이고 서역과 활발하게
교류하며 번성했다. 의복 또한 다양한 염색 기법과 사치스러운
소재를 사용해 화려함을 더했다. 짧은 저고리 위에 긴 치마를
입고 어깨에 숄 형태의 표裱를 두른 모습은 당시 당을 비롯한
동아시아 여러 나라에서 유행한 옷차림이다.

통일신라 귀족 여인의 의복은 경주 용강동, 황성동 고분 토용과
당나라의 장훤張萱이 그린 「도련도搗練圖」를 참고하여 제작했다.
저고리는 두께와 투명도가 다른 두 가지 실크에 무늬를 날염했다.
치마는 푸른색으로 염색한 얇은 견에 은색의 은은한 무늬를
넣었다. 치마 말기에는 현대적으로 제작한 라 소재로 만든
허리끈을 매었다. 표는 허리끈과 같은 소재인 라 위에 구슬을
장식하여 화려하게 표현했다.

「관경서품변상도」와 고려시대 여인 의복

A Goryeo painting depicting the introduction of
Amitāyur Contemplation Sūtra and women's attire
from the Goryeo Dynasty

"고려는 문라紋羅, 화릉花綾, 금錦, 계罽 등을 극히 잘 짜는데,
이전보다 더욱 기교 있고 염색도 나았다."

– 서긍徐兢「고려도경高麗圖經」

고려 후기에는 무신과 권문세족이 가문의 영구한 번창과 평안을
기원하며 불화나 불상을 제작했다. 160점에 달하는 불화가
현존하는 것은 당시 의식 수행 시 불화를 친견하는 것이
선호되었기 때문이다. 여러 불화 중에 일본 서복사西福寺에 소장된
「관경서품변상도觀經序品變相圖」는 14세기 초반 고려 27대 충숙왕忠肅王
때에 그려진 것으로 추정된다. 불화 하단에는 관음보살의
가르침을 듣는 왕비와 오백시녀의 모습이 그려져 있다. 불화에
등장하는 인물의 의복과 장신구에서 상류층의 귀족적 분위기가
느껴진다.

고려시대에는 불교를 숭상하는 문화의 영향으로 화려한 직물이
많이 사용되었다. 고도의 기술이 필요한 직물을 생산할 수 있는
직조 기술을 보유했고, 금사金絲나 은사銀絲, 동사銅絲로 직금 혹은
금박을 하여 문양을 표현하거나 여러 가지 색상의 실로 제작한

금 직물을 다양하게 활용해 귀족적 분위기를 표현했다. 또한
백첩포白氎布와 같은 면직물과 화문저포花紋紵布, 세마포細麻布 등
모시도 중요한 고려의 교역품일 만큼 뛰어난 제직 기술을
보여줬다. 한편 고려시대에는 통일신라시대와 마찬가지로
저고리 위에 치마를 올려 입는 착장과 치마 위에 저고리를
입는 형태가 공존했다.

고려 여인의 우아한 모습을 재현하기 위해 고려시대 최고의
옷감이었던 라 직물을 현대적으로 제직하여 부드러운 실루엣을
연출했다. 저고리와 허리띠는 라를 다홍색으로 염색한 후
구름무늬로 금박하여 고려 문헌에 기록된 쇄금홍라鎖金紅羅 옷감을
재현함으로써 특유의 화려한 분위기를 생생하게 표현했다.
라로 만든 홑치마에 허리끈과 매듭을 장식해 고려 여인의
치마저고리 차림을 완성했다.

「관경서품변상도觀經序品變相圖」 일부 확대 작자 미상. 14세기. 서복사 소장

고려시대 여인 의복 | 견, 이경선, 2016

고려시대 여인 의복 | 견, 정은미, 2016

아미타불 복장 직금 직물 14세기, 온양민속박물관 소장

「관경서품변상도」를 참조해 제작한 고려시대 여인의 녹색
저고리는 두터운 주紬에 작은 꽃무늬를 편금사로 수놓아
당시 유행하던 직금 직물을 표현하고자 했다. 자수의 크기는
1.5×1.5cm로 작은 꽃무늬를 산점 구도로 배치했다. 저고리 깃은
깊이 여며지는 직령으로 달았고, 소색素色의 얇은 초綃로 같은
형태의 속저고리를 제작했다. 치마는 얇은 견絹을 여러 겹 덧대어
부드러운 실루엣을 표현했다. 치마는 뒤끌림이 있는 형태로
길이는 짧은 쪽이 125cm, 긴 쪽은 159cm에 이른다. 치맛단은 각각
말아 감침질하였다.

「수월관음도」와 고려시대 여인 의복

A painting of Water-Moon Bodhisattva and
women's attire from the Goryeo Dynasty

「수월관음도水月觀音圖」는 「화엄경華嚴經」에 등장하는 장면,
즉 선재동자가 관음보살을 친견하기 위해 보타락가산을 찾아가는
여정을 그린 불화다. 동아시아 불교미술에서 관음 신앙의 정수를
구현한 대표적인 도상이며 관음보살의 자태를 중심으로 자연과
인간, 초월과 현실이 만나는 공간을 세밀하게 담아낸다.
현재 전해지는 약 160여 점의 고려 불화 가운데 「수월관음도」는
40여 점에 이른다. 그중에서도 일본 교토 대덕사大德寺에 소장된
「수월관음도」는 회화적, 조형적 완성도는 물론 상징성과
독창성 면에서 한국 불화의 정수로 손꼽히며 국보급 문화재로
평가받고 있다.

통상적인 「수월관음도」는 관음보살과 선재동자로 구성되지만,
대덕사본은 하단에 공양물을 바치는 인물 군상이 추가로 묘사되어
있어 매우 이례적이다. 이 인물들의 존재는 단순한 장식 이상의
상징성을 지닌다. 특히 관음보살이 선재동자의 방문을 받은 직후
몸을 틀어 반대편의 공양 인물들을 응시하고 있는 자세는,
자비의 시선이 단 한 존재에 머무르지 않고 두루 미치는 보살의
포용성을 은유적으로 보여준다.

하단에 묘사된 공양 인물들 중 관음보살 앞에 공양물을 올리는
여인을 통해 고려시대 여성 복식의 세련된 멋과 격조를 엿볼 수
있다. 여인은 머리를 높이 틀어 올려 진주와 붉은 댕기로
장식했고, 풍성한 황색 계열 저고리를 입었다. 치마에는 꽃무늬가
정교하게 시문된 금 직물이 사용되었다.

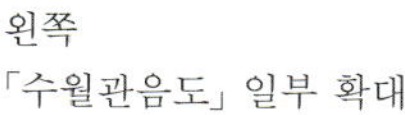

왼쪽
「수월관음도」 일부 확대

오른쪽
「수월관음도」 작자 미상. 14세기. 대덕사 소장

74

문경 봉서리탑 복장 직물 12세기, 국립중앙박물관 소장

「수월관음도」에서 공양물을 들고 있는 여인의 모습을 참조해,
붉은색 계열의 치마 위에 품이 넓고 소매가 길어 전체적으로
풍성한 저고리를 입은 고려 여인 복식 일습을 제작했다.
저고리는 얇은 견을 옅은 소색으로 염색했고, 꽃무늬 치마는
자주색 바탕에 흰색, 초록색, 황색의 위사를 이중으로 제직한
12세기 봉서리탑에서 발견된 금 직물을 현대 직기로 재현했다.
이는 일본 정창원에 소장된 통일신라시대의 화려한 보상화무늬
금 직물에 비해 단순화·소형화된 고려시대의 독특하고도
세련된 보상화무늬이다.

홑치마는 앞쪽과 뒤쪽으로 각각 분리되는 형태로 제작했다.
밑단은 저고리감과 동일한 소색 견을 사선으로 재단하고 얇게
솜을 두어 선단을 대고 바닥에 끌리도록 연출했다. 불화 속에
나타난 여인의 모습을 참조하여 라 직물로 너비 9.5㎝의 긴 끈을
만들고 중간에 매듭을 지어 길게 늘여뜨렸다.

고려시대 여인 의복 | 견, 김정아, 2016

버선 달린 바지 말두고

Maldugo, pants combined with socks

"승려들이 흰 저고리, 말두바지襪頭袴, 비단 허리띠, 비단으로 테두리를 두른 난삼,
  가죽신, 채색 모자, 갓, 갓끈을 착용하는 것을 금지하였다."

– 「고려사高麗史」, 현종顯宗 18년(1027) 8월

말두고襪頭袴는 버선 달린 바지로 「고려사」에 그 이름이 등장한다.
기록에 따르면 현종 18년(1027) 8월에 승려복에 대한 복식금령이
내려졌는데, 그중 하나가 말두고였다. 조선의 궁중음악
관련 서적인 「악학궤범」에도 말두고에 대한 기록이 있다.
「악학궤범」 권9에 의하면 "회례연會禮宴에서 아악을 쓸 때
무무공인武舞工人이 표문대구고豹文大口袴를 입었는데, 백색 비단으로
만들되 무릎 아래로는 표범의 얼룩무늬, 즉 표피반문豹皮斑紋을
그리며 바짓부리에는 버선襪을 연결한 형태"로 볼 수 있다.

표문대구고豹文大口袴 「악학궤범樂學軌範」, 15세기 말

위와 같은 기록만 남아 있을 뿐, 말두고 유물은 전해지지 않는다.
말두고와 유사한 것으로 추정되는 것이 요遼나라의 바지인
조돈吊敦, 釣敦이다. 형태는 일반적인 긴 바지와 같은데 말두고처럼
양말이 붙어 있다. 거란 지역에서 널리 착용하던 이런 형태의
바지가 송宋나라에서도 유행하자 황실은 한족이 양말이 붙어 있는
바지를 착용하는 것을 금하기도 했다.

유물과 문헌 기록을 참고해 말두고 작품을 제작했다.
겉감에 사용한 마름꽃무늬 기綺는 온지음에서 새롭게 제작했다.
평직으로 된 바닥에 부직으로 마름모꼴 무늬를 배치하고
금은사로 수를 놓아 우아하고 은은한 멋을 강조했다. 바지와
어깨끈은 무늬를 한 개씩 건너뛰어 금사로 수를 놓고, 말기, 끈,
버선은 무늬 전체에 금은사로 수를 놓았다.

온지음 옷공방 제작 말두고 일부 확대

말두고 | 견. 이경아. 2019

앞이 짧고 뒤가 긴 고려시대 여인 예복

Formal dress for women from the Goryeo Dynasty,
featuring a shorter front and longer back

「고려도경高麗圖經」 제20권 부인婦人 편에는 12세기 고려 여인의
복식이 상세히 기록되어 있다. "검은 비단으로 만든 너울을
쓰는데, 세 폭으로 제작되며 각 폭의 길이는 8척이다.
정수리에서부터 늘어뜨려 얼굴과 눈만 드러낸 채 끝자락이 땅에
끌리게 한다. 흰 모시로 포布를 지어 입는데, 이는 거의 남성의
포와 같고, 무늬가 있는 비단으로 넓은 바지를 만들어 입으며,
안쪽에는 생명주生明紬를 덧대어 옷이 몸에 들러붙지 않도록
넉넉하게 구성하였다. 가을과 겨울에는 황견黃絹으로 치마를 지어
입기도 하며, 그 빛은 짙은 것과 연한 것이 섞여 있다." 이와 같은
문헌을 통해 고려 여인들이 외출 시 남성과 유사한 형태의 흰
모시옷, 황견으로 만든 치마를 즐겨 착용했음을 확인할 수 있다.

온양민속박물관에 소장된 1302년 아미타불 복장물 자의紫衣는
앞이 짧고 뒤가 긴 전단후장前短後長 형태로, 소매는 길고 폭이 좁은
자색의 포袍이다. 복장할 때 오른쪽 반절만 넣었으며, 좁은 품과
작은 사이즈로 인해 여인복으로 추정하는 견해가 많다. 안깃
안쪽의 묵서에는 "함께 극락왕생하기를 발원하며, 복장 안에
자의와 상자, 그리고 불상 또는 불탑의 등을 시납하다."라고 적혀
있다. 「고려사」에 따르면 자색은 상류층이 선호하던 색으로, 이
자의는 자색으로 염색된 데다 불복장으로 시납된 사실을 볼 때,
적삼, 저고리, 치마, 속바지를 갖추어 입고 착용하였을 격식 있는
예복으로 여겨진다.

소색 명주로 정교하게 지은 중의中衣는 왼쪽 부분만 현존하며,
자의와 유사한 치수를 지녔으나 소매와 뒷길이가 다르다.
이는 표의表衣나 상의上衣 아래에 받쳐 입던 내의로 추정된다.
중의 깃 안쪽 묵서에는 "납입한 이는 행신幸臣 유홍신兪弘慎의

아내 이씨李氏이다."라고 쓰여 있다. 소색의 초綃로 지은 상의는
자의나 중의보다 훨씬 짧은 저고리형이며, 깃의 묵서에는
'초척삼綃脊衫'으로 되어 있다. 척삼脊衫은 홑으로 된 것으로
적삼赤衫, 的衫으로도 표현되며 상의를 일컫는다.

아미타불 복장물로 납입된 자의, 중의, 상의 등 고려시대 여인의
예복 일습을 재현하였다. 자의에 사용된 원단은 평직 바탕에
능직으로 마름무늬를 제직한 고려시대의 기綺를 현대 직기로
제직해 사용하였으며, 중의와 상의는 얇은 견직물로 제작하였다.
황색 치마는 부드러운 숙라熟羅를 사용하여 충분한 주름을 잡아
우아함을 살렸다.

왼쪽
자의紫衣 14세기, 온양민속박물관 소장

위
중의中衣 14세기, 온양민속박물관 소장

아래
상의上衣 14세기, 온양민속박물관 소장

"가을과 겨울의 치마는 간혹 황견黃絹을 쓰는데,
어떤 것은 진하고 어떤 것은 엷다."

-「고려도경」 제20권 부인 편

고려시대 여인 예복 | 견, 이경선, 2020

16세기 뒤끌림 예복 치마

Formal *Chima* with train from the 16th century

파평 윤씨坡平尹氏 묘 출토 치마 16세기, 고려대학교박물관 소장

고려시대 한복의 우아한 자태는 조선 전기 사대부 부인의 예복 치마로 이어졌다. 16세기 출토 유물 중에는 앞보다 뒤의 길이가 긴 뒤끌림 예복 치마가 다수 발굴되었다. 문헌에는 장치마長赤亇, 주리군珠裏裙 등 다양한 명칭으로 기록되어 있다. 일상 치마보다 30㎝ 정도 길고 치마폭도 550~560㎝ 정도로 18세기 이후 치마폭에 비해 200㎝ 정도 더 넓어서 뒷자락이 길게 끌리며 우아한 자태를 자아낸다. 앞자락은 짧게 재단하고 양옆 쪽은 길게 재단하여 앞치마 길이에 맞게 접어올려 박는 방법과 앞자락의 상단을 잡아 올려 시침하는 방법이 있다. 걷어 올린 바느질 흔적이 전혀 없는 것도 있는데 이는 치마 앞자락을 올린 후 긴 치마 허리끈을 이용해 묶어 입었을 것이다.

최근 연구에 의하면 중국 명나라 시기에 치마를 부풀려 입는 사치스러운 유행이 있었는데 이는 조선의 마미군馬尾裙이라는 말총으로 치마를 부풀리는 일종의 페티코트Petticoat 같은 속옷에서 비롯되었다고 한다. 15세기 명나라 관료인 육용陸容이 저술한 「숙원잡기菽園雜記」에는 "마미군은 조선에서 시작되어 경사京師(명나라 초기 도읍인 남경)로 유입되었다. 경사 사람들이 사서 입었으나 아직 이를 직조할 이가 없었다. 처음에는 부유한 상인과 귀공자, 기생들만 입었는데 이후 조정 관료는 물론 무신들까지…."라는 구절이 있다.

16세기 뒤끌림 치마 | 견, 이경선, 2016

고려대학교박물관에 소장된 파평 윤씨坡平尹氏 유물을 참고하여
조선시대 16세기 예복 치마를 제작했다. 소재는 모본단을
홍색으로 염색하여 사용했다. 앞 중심 폭을 보통 치마의 길이로
재단하고, 나머지 좌우의 뒤쪽으로 넘어가는 부분은 길게
재단하였다. 차마 폭을 연결할 때 좌우에 가로 방향의 다트형
주름을 잡아 볼륨감이 생기는 우아한 실루엣을 완성하였고,
앞이 짧고 뒤가 긴 전단후장형의 치마를 재현하였다.
치맛단에는 금박으로 스란을 장식하여 화려함을 더했다.

오른쪽 작품은 대전시립박물관에 소장된 안정 나씨安定羅氏 묘
출토 복식 중 나부羅溥의 부인 용인 이씨龍仁李氏의 치마를 재현한
예복용 홑치마이다. 유물에서 발견된 치마는 총 두 개로 겉은
생초 홑치마, 안은 문단 겹치마이다. 겉에 입은 생초 홑치마는
위사와 경사를 가는 견사로 성글게 평직으로 짜서 마치 잠자리
날개와 같이 투명하며 안에 입은 치마보다 전체적으로 길어
입었을 때 바닥에 넓게 끌린다.

예복용 홑치마 | 견, 이경선, 2016

안정 나씨安定羅氏 묘 출토 치마 16세기, 대전시립박물관 소장

「회혼례도첩」과 18세기 여인 예복

"The Paintings of a 60th Wedding Anniversary Ceremony" and
the 18th century women's formal outfit

「회혼례도첩回婚禮圖帖」은 조선 후기 사대부가에서 혼인 60주년을
기념해 열린 회혼례 행사를 기록한 화첩이다. 60년 해로는
당시에도 드문 일이었기에 자녀는 물론 친인척이 모두 모여
혼례를 다시 치르듯 큰 잔치를 벌였다. 「회혼례도첩」에는 총 다섯
장면이 담겼는데, 1면에는 신랑이 기러기를 들고 오는
전안례奠雁禮, 2면에는 신랑 신부가 서로 인사하고 합환주를
나누는 교배례交拜禮, 3면에는 자손들이 술잔을 올리는 헌수례獻壽禮,
4면에는 하객에게 음식을 대접하는 접빈례接賓禮, 5면에는
주인공이 여흥을 즐기는 중뢰연中牢宴이 그려져 있다. 오른쪽의
그림은 그중 2면인 교배례 장면으로, 신랑 신부와 가족,
하객의 아름다운 복식을 엿볼 수 있는 귀중한 회화 자료이다.
작가와 제작 연대는 정확히 밝혀지지 않았지만, 조선에서
회혼례가 시작된 것이 17세기 초이며 인물 복식의 형태를 고려할
때 18세기 작품으로 추정된다.

2면 중앙에는 사모와 단령을 입은 신랑과 큰머리擧頭美에 초록
원삼을 갖춰 입은 신부가 자리하며, 대청 왼쪽에는 며느리와
딸 등 친인척 여성들이 등장한다. 이들은 다소 짧아진 35~40cm
길이의 회장저고리 아래 흰색 요대腰帶를 착용했고, 그 끈을 치마
아래로 길게 드리운 모습이다. 요대는 짧아진 저고리 아래로
보이는 틈을 가리고 몸매를 아름답게 보이게 하는 장식이었다.
예복용 치마인 장치마는 일반 치마보다 뒷자락이 30cm가량 길어
바닥에 끌리는 효과를 내며, 3합 또는 5합의 무지기 속치마를
겹쳐 입어 우아한 곡선미를 더했다. 홍색 치마에 초록색 저고리,
남색 치마에 옥색 저고리, 분홍색 치마와 초록색 저고리, 미색
치마에 초록색 저고리 등 다채로운 색의 조화 속에 잔칫날의
흥겨운 분위기가 고스란히 느껴진다.

참석한 여인들의 머리 모양은 미혼과 기혼에 따라 크게 두 가지로
나뉜다. 대부분의 기혼 여성은 머리를 땋아 가체 다래를 머리
둘레에 서린 뒤 비녀로 고정한 어여머리를 하고, 양옆에는 진주와
옥판 장식, 뒷머리에는 두 가닥의 자주색 댕기를 장식했다. 이는
신윤복申潤福, 1758-1814 추정 「미인도美人圖」 속 커다란 가체보다는 소박한
형태로, 시기적으로도 약간 앞선 머리 양식으로 여겨진다. 특히
주인공의 며느리와 딸 등 가까운 가족은 잔칫날 분위기를 살리기
위해 머리 위에 꽃 장식인 수화首花를 꽂았다. 미혼 여성들은
머리에 보석으로 장식된 크고 화려한 족두리를 쓰고, 그 뒤로는
금박이 화려한 도투락댕기를 길게 드리웠다.

「회혼례도첩回婚禮圖帖」 일부 확대 작자 미상, 18세기, 국립중앙박물관 소장

국립중앙박물관에 소장된 「회혼례도첩」을 참조하여 여인의
예복과 댕기를 재현했다. 연한 분홍색 치마에 초록색
회장저고리를 입은 미혼 여인의 복식을 재현하여 현대 결혼식에서
피로연 때 신부의 복식으로 활용할 수 있도록 했다. 저고리는
원형무늬 갑사甲紗를 사용했고, 깃, 곁마기, 끝동, 고름의 색을
달리한 삼회장저고리로 제작했다. 치마는 온양민속박물관에
소장된 19세기 안동 김씨 집안 묘 출토 직물을 참조하여
온지음에서 제직한 생고사生庫紗를 사용했다. 문양은 고결함을
상징하는 사군자(매화, 난초, 국화, 대나무)에 부귀영화를
상징하는 모란을 더해 제직했고 치마 밑단에 은박을 더해 은은한
아름다움을 표현했다.

두께가 얇은 고급 견직물인 생고사는 투명해 보이는 조직과
아름다운 무늬가 특징으로 현대까지도 애용되는 전통 직물이다.

온지음 옷공방 제작 사군자 · 모란무늬 생고사

주름을 곱게 잡은 액주름포

Aek-jureum-po men's half-coat , with fine folds under the sleeves

액주름포腋注音袍의 액腋은 겨드랑이, 주음注音은
주름의 한자 표기로 겨드랑이 아래에 주름이
잡혀 있기 때문에 붙은 명칭이다. 조선 중기에
많이 착용한 남성의 포로 왕부터 평민까지
다양한 계층에서 착용했다. 명주 · 무명 ·
목면 · 저포 · 공단 등 다양한 소재를 사용해
만들었으며, 계절에 따라 홑, 겹, 솜, 누비 등
구성 방법을 달리한 평상복이다. 그러므로 소매
형태나 트임의 유무, 길이, 고름의 색상과
크기가 다채롭게 나타나고 있다.

액주름포에 대한 최초의 문헌 기록은
「조선왕조실록朝鮮王朝實錄」에서 볼 수 있다.
「세종실록世宗實錄」 권 112 세종 28년 5월조에
"서인庶人 · 제원諸員 · 대장隊長 · 대부隊副의
일수양반日守兩班 및 공상천례工商賤隸는 단령을
없애고 철릭과 액추의腋皺衣 · 직령의를 입도록
하라."는 기록이 있다.

겨드랑이에 주름 효과를 살리기 위해
현대적으로 제직한 라를 사용하여 액주름포를
제작했다. 겨드랑이 아랫부분에 0.3cm의 고운
잔주름을 잡아 현대 여성복으로 제작하였다.
품과 소매 배래를 줄이고, 약 1:1의 상하 비율을
가진 유물과 달리 약 1:2의 비율로 수정하여
아름다운 실루엣으로 완성하였다.

이헌충李憲忠, 1505~1603 묘 출토 액주름포
16세기 후반 추정, 단국대학교 석주선기념박물관 소장

액주름포 | 견, 이경선, 2021

투명한 모시 요선철릭

Sheer ramie *Yoseon-Cheolrik*, a type of men's coat

해인사 성보박물관에 소장되어 있는 14세기 중엽의 모시
요선철릭은 해인사 비로자나불 복장물로 1992년에 불좌상을
개금할 때 발견됐다. 분홍색 기운이 엷게 감도는 고운
모시를 사용하여 투명한 느낌을 살렸고, 허리에 장식한 요선
12줄은 모시를 가늘게 가로 방향으로 접어 아래위로 두 줄로
곱게 바느질되어 있다.

모시 요선철릭은 해인사 비로자나불 복장물을 참조하여 크기와
바느질을 유물과 유사하게 제작하였다. 색상은 유물과 흡사한
연분홍색의 생모시를 사용하여 투명한 느낌을 강조하고, 모시에
풀을 먹이고 곱게 다듬이질하여 사용하였다. 상의와 하상을
연결하여 치마는 맞주름을 잡고 허리에는 너비 0.3㎝의 요선
12줄을 0.7㎝ 간격으로 붙였다. 소매 끝부분은 안단을 대어
끝동처럼 제작했다. 소재의 투명감은 아름다운 면의 분할과
바느질 선의 정교함을 잘 드러내며, 좁은 소매통과 허리 주름은
실용성과 편리성을 겸비하였다.

요선철릭 | 모시, 정은미, 2021

요선철릭 14세기, 해인사 성보박물관 소장

품격과 절제
CLASS AND MODERATION

옷

Class and moderation influenced by Confucianism

The Confucian country of Joseon identified and developed its own style and culture. The Joseon Dynasty was built on Neo-Confucianism and birthed a culture of literati scholars, or *seonbi*. Seonbi of Joseon pursued moral and intellectual accomplishment, valued learning from the ways of nature, and practiced self-discipline. Just as the idea of chivalry in the medieval England created the image of gentlemen and the ways of the samurai from Muromachi era, Japan, conceived the image for Zen culture, the culture of seonbi from the Joseon Dynasty evolved into both an ideal and admirable way of life for the high society. Seonbi's costumes inspired other areas of art as well, such as *baekja* (a type of white porcelain), painting, and more, and perfected the aesthetics of class and moderation, which is the defining idea of Seonbi culture.

Yi Deokmu, a scholar of the Realist School of Confucianism from the late Joseon Dynasty, wrote a book on proper manners and conduct entitled "Sasojeol" in 1775. The book says that a man of virtue looks in the mirror not to groom himself, but to straighten one's attire and dignify their posture. For a seonbi in Joseon, wearing proper attire was not simply about looking pleasant. It was a way of reflecting upon their mind and taking care of one's appearance was considered a way of practicing self-discipline. One of the most famous introductory Confucian books, "Sohak," also emphasizes that a scholar should always look neat and dignified, and dress in clean clothes. Various types of headdresses emerged during the era, and a person wore up to four to five layers of coats to be presentable. Not only that, seonbi wore undergarments with care and attention, believing that class and dignity showed through.

In the spirit of the phrase, "too much of a good thing," different types of men's coat (*po*), such as *dopo* or *chang-ui*, became a quintessence of understated beauty. Rather than embellishing, sides and lines were utilized in a restrained way to find the most aesthetically pleasing ratio. The dopo previously worn by Great King Yeongjo in the 18th century is a great example of this aesthetic of class and moderation. *Sim-ui* (a scholar's robe) is a white robe that asserts the majesty of a great scholar who has attained the highest state of learning, with black borders added to convey the nuance of austerity in achromatic tones. The materials preferred in the era, such as *sa* (silk gauze) and *dan* (silk satin damask) also gave a soft and gentle glow and were in solid colors. Plain-weave silk, without any patterns, was a popular choice of fabric throughout the period.

Simple but striking accents in the designs, even though class and moderation were the key, symbolized the quality of calmness and ease, which was one of the main components of the ideal state of mind. Although seonbi were strict with themselves and pursued self-discipline, they understood that nature was constantly in motion and that knowing how to appreciate irregularities was important. The understanding was reflected in their fashion as they would tie and hang a thin red sash around the chest of a soft jade green robe, or match a multicolored cord, *chaejo*, with their minimal, black-and-white scholar's robe.

유교에 바탕을 둔 품격과 절제미

조선시대는 유교를 중심 이념으로 삼았다. 중국에서 유입된 주자 성리학은 '이기일원론理氣一元論'에
기반한 조선 성리학으로 심화되며 고유 사상으로 토착화되었고, 이를 바탕으로 조선만의 독자적인
문화를 꽃피웠다. 조선 성리학의 정서 속에서 선비 문화가 태동했으며, 선비들은 실용적·세속적
차원을 넘어 더 높은 정신세계를 추구하고 자연과 교감하며 자신을 수양하는 데에 삶의 모범을 두었다.
영국이 중세 '기사도 정신'을 젠틀맨의 이미지로, 일본이 무로마치 시대 '사무라이 정신'을 젠 문화로
승화시켰듯, 조선은 '선비 정신'을 사대부 삶의 지향점이자 일상 문화로 정립시켰다. 복식은 물론
백자와 회화 등 예술 전반에도 그 정신이 스며들어 품격과 절제의 미학으로 구현되었다.

"군자가 거울을 보는 것은 치장을 하기 위함이 아니라
의관을 바르게 하고 태도를 존엄하게 하기 위함이다." 이덕무李德懋. 1741~1793 「사소절士小節」

조선 후기의 실학자 이덕무가 일상생활의 예절과 수신에 관해 1775년에 저술한 수양서
「사소절」에는 위와 같은 구절이 나온다. 선비들은 '예禮'를 삶의 기준으로 삼고, 이를 복식의 단정함,
곧 의관정제衣冠整齊로 실천했다. 조선시대 의관衣冠을 갖추는 것은 단순히 멋을 내기 위함이 아니라
외모가 정신을 반영한다고 보았기에 그에 따른 수련의 과정이었던 것이다. 옷을 갖추고 관모를 쓰는
정제된 매무새는 마음가짐을 단정하게 할 수 있는 수련이자 습관이었으며, 이는 관복을 착용할
때뿐만 아니라 일상복에서도 마찬가지였다. 「소학小學」에도 "용모필단장, 의관필숙정容貌必端莊,
衣冠必肅整"이라 하여 선비는 항상 용모를 단정하고 엄숙하게 하고, 의관은 깨끗해야 한다고 강조했다.
머리에 쓰는 관 종류가 다양하게 발전했고, 겉옷도 4~5벌을 정성껏 겹쳐서 입었을 뿐만 아니라
보이지 않는 속옷까지 공들여 갖춰 입음으로써 겉으로 은은하게 우러나오는 품격과 격조를
중요시하였다. 예를 들어, 관복을 입을 때는 바지저고리 위에 겉옷인 단령을 직접 입는 것이 아니고
철릭, 답호, 중치막 등 여러 겹의 포를 갖추어 입은 후에 단령을 입었다. 선비들은 이처럼 풍성한
형태에서 오는 여유와 공간감을 품격을 지키기 위한 멋으로 발전시켰다. 편리함, 간편함, 실용적
가치보다는 다소 불편하더라도 예의와 위엄, 정숙에 치중한 것이다.

한편 지나친 것은 부족한 것과 같다는 과유불급過猶不及의 정신 속에 남성 도포나 창의와 같은
포 종류의 디자인은 절제미의 정수를 보여줬다. 장식을 최소한으로 줄이는 대신 면과 선을
절제하면서 가장 아름다운 비례를 찾아 디자인했다. 1979년 파계사 원통전圓通殿의 관세음보살상을
개금改金하다가 발견된 18세기 영조대왕의 도포는 품격과 절제의 미학을 잘 보여준다.
심의深衣는 최고의 학문의 경지에 오른 선비의 위엄을 표현하기 위해 흰색 포에 검은색 선을 둘러
금욕적인 무채색의 조화를 이루었다. 옷감도 마찬가지로 담백한 멋을 추구했다. 고려시대의
직금 직물이나 금 직물과 같이 여러 색의 실로 화려하게 직조한 직물은 사라지고 무늬 부분에만
조직을 달리하여 은은하게 무늬를 표현한 단색의 사紗와 단緞을 선호했다. 더불어 무늬가 없는 소박한
평직으로 짠 명주도 중요하게 사용한 옷감이었다.

품격과 절제를 우선시한 디자인에도 파격적인 악센트를 주어 유연함을 허락한 것은 선비 정신에
깃든 정신적 여유로움이다. 넓은 소매와 중후한 실루엣의 옥색 도포에 강렬한 붉은색의 가늘고
긴 끈을 가슴에 묶어 늘어뜨리고, 흑백으로 엄격하게 디자인한 심의에 오색실로 화려하게 짠
가느다란 채조대를 묶어 늘어뜨린 것처럼 선비들은 엄격함 속에서 '즐거운 파격'을 즐겼음을 엿볼
수 있다.

조선시대 정신문화의 산물 영조 도포

King Yeongjo's *Dopo*, the epitome of Joseon's spiritual pursuit

영조英祖, 1694~1776 도포道袍는 1979년 파계사 원통전 관세음보살상을
열었을 때 나온 불복장 유물 중 하나다. 도포 안쪽에는 "乾隆伍年
庚申 十二月 十一日 服藏記 聖上主 甲戌生 李氏 靑紗上衣 一領
萬歲流傳干 把溪寺者同家願吳上 三殿誕日佛供處也"이라고
기록된 묵서가 한지에 적혀 꿰매어져 있다. 이를 해석하면
"1740년(영조 16) 경신 12월 11일에 파계사 대법당을 수리하고
불상과 나한을 중수하며 영조가 탱화 일천불을 희사하면서,
이곳을 왕실을 위해 기도하는 도량으로 삼았다. 아울러 왕의
청사상의를 복장하면서 만세유전을 기원한다."는 뜻이다.

영조 도포의 소재는 옅은 청록색의 경사를 성글게 배치한 변화
평직으로 제직한 사紗 직물이며, 홑으로 바느질하여 잠자리
날개처럼 투명하다. 끝이 뾰족한 당코 깃은 왕실 복식의 특징을
보여주며, 넓은 소매와의 조화에서 영조대왕의 기품을 느낄 수
있다. 시접은 0.3cm의 가는 통솔이며, 어깨와 겨드랑이에는
바대를 대고 수구, 도련, 앞여밈에는 선단을 대어 겹으로 하였다.
바대와 선단에 의한 면 분할과 가는 솔기가 주는 비례가
아름다워 투명하게 비쳐 보이는 옷감과 완벽한 조화를 이룬다.

파계사에 소장된 영조 도포를 실견하고 유물과 동일한 크기로
제작했다. 국내에서 선보인 뒤 2015년 파리 장식미술관Musée des Arts
Décoratifs에서 열린 〈코리아 나우 Korea Now〉展에 전시되었다.
이후 유물과 근접한 조직으로 소재를 개발하고 또 하나의
영조 도포를 제작하여 2017년 샌프란시스코 아시안 아트
박물관Asian Art Museum 〈우리의 옷, 한복 꾸뛰르 코리아 Couture
Korea〉展, 2022년 영국 런던 빅토리아 앤 알버트 박물관 Victoria and
Albert Museum 〈한류! 코리안웨이브 Hallyu! The Korean Wave〉展에
전시하였다.

영조 도포 | 견, 이경선, 2017

寫歲流傳于
把浮寺者國家顈三殿砌日佛洪慶也

乾隆五年庚申十二月十一日腹藏記
聖上主甲戌李氏青紬上衣一領

영조英祖, 1694~1776 도포   18세기 중반 추정, 파계사 소장

숨결이 담긴 줄무늬,
누비 중치막

Quilted *Jung-Chimak* men's coat ,
with beautiful, restrained use of lines

중치막中致莫은 왕실 및 사대부의 편복으로 곧은 깃에 소매가
넓고 양옆에 트임이 있다. 기록에는 16세기 중엽 무렵부터
등장한다. 이문건李文楗, 1494~1567의 「묵재일기黙齋日記」 1553년 1월
30일에는 "며느리가 명주 중치막을 만들어 주었다."는 구절이
있다. 1580년대 순천 김씨 묘에서 발견된 언간에는 중치막의
한글 표기인 '듕치막'이 보인다.

경기도박물관에 소장된 이혁李爀, 1661~1722의 누비 중치막을
재현하였으며, 안과 겉으로 명주를 사용하고 사이에 솜을
두어 1㎝ 간격으로 누볐다. 누비 장인이 정교한 솜씨로
올록볼록하게 마치 살아 숨 쉬는 듯 아름다운 누비를 완성했다.
옆트임과 도련, 앞여밈에는 연한 쪽색 선단을 1㎝ 너비로
둘러 색다르게 마무리했다.

누비 중치막 | 견, 유선희, 2013

유학자의 기품, 심의

Sim-ui, a graceful Confucian scholar's robe

심의深衣는 주자학의 전래와 함께 고려 말기 유학자들이 입기
시작한 예복으로 조선시대 전반을 통해 명망 있는 선비들이
입었으며, 관례복은 물론 수의壽衣나 제복祭服으로도 사용했다.
심의에 나타난 선의 비례와 색의 대비에는 고고한 선비의 절제된
미학과 자존심이 고스란히 배어 있으며 오늘날의 모던하고
미니멀한 감성과 교차된다.

심의는 상의衣와 하의裳인 치마 부분을 따로 재단하여 허리
부분을 연결해 만드는데, 이런 구조에는 깊은 의미가 있다.
상의는 4폭으로 만들어 사계절을 뜻하고, 치마 부분은 12폭으로
만들어 열두 달을 의미한다. 옷의 가장자리에 두른 검은색
선黑線은 부모에 대한 효도와 공경을 뜻한다. 허리에는 대대大帶와
함께 오색사五色絲로 짠 채조綵組를 묶어 늘어뜨렸다. 심의를 입을
때는 머리에 검은색 복건幅巾을 쓰는 것이 일반적으로, 조선시대
유학자의 초상화에서 종종 볼 수 있다. 「퇴계집退溪集」에는
"김취려金就礪가 복건과 심의를 보냈는데 복건이 승건僧巾과 같아서
마땅하지 않다고 하여 정자관을 썼다."는 기록이 보인다. 이처럼
심의에는 복건 외에 사방건四方巾, 동파관東坡冠, 와룡관臥龍冠,
장보관章甫冠, 치포관緇布冠 등을 쓰기도 한다.

경기도박물관에 소장된 안동 김씨 김확金鑊, 1572~1633의 심의를
참조하여 작품을 제작했다. 풀을 먹여 반드럽게 다듬은 모시를
홑으로 제작했고, 먹색으로 염색한 모시를 선단감으로 사용했다.

이재李縡, 1680~1746 초상화
18세기 중반 추정, 국립중앙박물관 소장

심의 | 모시, 이경선, 2015

포도무늬 대창의 | 견, 모시, 김정아, 2013

선비의 포, 포도무늬 대창의

Dae-chang-ui, a seonbi's coat featuring a grape pattern

창의氅衣는 '트임이 있는 옷'이라는 뜻으로 임진왜란 이후
실용성을 반영하여 만든 편복便服 중 하나이다. 대창의는 소매가
넓고 길며 소창의, 중치막과 달리 옆트임이 짧고 뒷중심에 긴
트임이 있으며 양옆에 무가 달려 있다. 도포와 생김새가
비슷하나 도포는 뒷길에 전삼을 대어 뒷중심의 트임을 가려주는
차이가 있다.

시대에 따라 소매 너비와 길이, 트임의 길이 등에도 변화가
있었다. 조선시대 선비들은 창의를 외출복이나 실내에서 겉옷으로
입었고, 소매가 넓은 관복 안에 입는 받침옷으로도 착용했다.

은은한 옥색 창의는 경기도박물관에 소장된 의원군 이혁義原君 李爀,
1661~1722의 창의 형태를 변형한 작품으로 뒷자락의 트임은 있으나
소매 길이와 무의 너비를 조절해 현대인이 편리하게 착용할 수
있도록 했다. 소색素色의 포도무늬 생고사 겉감에 안감으로 넣은
모시의 옥색이 은은하게 비쳐 선비의 멋을 엿볼 수 있다. 매듭
장인이 제작한 동다회의 선명한 다홍색은 창의의 은은한 옥색과
대비되며, 그 조화가 옷맵시를 더한다.

격조 있는 방한복 갓두루마기

Gat-duru-magi, a stylish winter coat

갓옷은 동물의 가죽이나 털을 대어 만든 옷을 일컫는다.
우리 옷에는 갓두루마기, 갓저고리 등이 있다. 한자로 초구貂裘,
초복貂服이라고 하며 표범, 담비, 소 등의 가죽을 사용했다.
「중종실록中宗實錄」 2년 5월조에 "삼전三殿 외에 초복貂服을 사용하지
못하게 함은 사치를 금하고 국민의 고생을 감하자는 것이나,
초복貂服은 모든 부녀가 입는 것이며 그것은 규중의 일이니 능히
금할 수 있겠는가."라는 기록이 있다. 또 같은 책 1518년(중종
13, 6월조)에는 "초피貂皮의 상의가 없는 자는 감히 문족회門族會에
들어가지 못한다. 그러나 왕이 억제하였으므로 이 폐습이 그전
같지는 않다."라는 기록이 있어서, 갓옷이 남녀 구별 없이 특히
부녀자들이 애용하였던 사치품이었으며, 조선시대에 이 풍조를
없애려고 노력했던 것을 알 수 있다.

갓두루마기는 조선시대 여인들과 노인들이 주로 입었던 것으로
전해지나 온지음에서는 이를 격조 있는 남성용 방한복으로
재구성하였다. 겉감은 지름이 10.5㎝인 커다란 원형 중심에
'목숨 수壽' 자를 넣고 둘레에 다섯 마리의 박쥐무늬로 도안하여
다복과 장수를 상징하는 대접무늬 단을 사용하였다. 안쪽에
부드러운 장모의 모피를 대고 두루마기 가장자리는 검은색
장식선과 물범 털을 사용하여 따뜻하면서도 멋스러운 방한복으로
구성했다. 물범 털은 힘이 있고 털이 단정하며 가지런히 눕는
특징이 있어 예로부터 털배자 가장자리에도 많이 사용되었다.

갓두루마기 | 견, 모피, 이홍순, 2013

반소매 옷 문수사 답호

Da-po men's coat with half sleeves,
found in Munsusa Temple

답호褡護는 반소매 옷으로 고려 후기부터 조선 후기까지 왕과
관리들이 집무할 때 착용한 상복常服인 단령 안의 받침 옷으로
착용되었으며, 조선 중기 이후에는 사대부들이 포 위에 덧입는
소매가 없는 옷으로 남아 있다. 1346년에 조성된 충남 서산
문수사 금동여래좌상의 복장 유물 중 하나로 발견된 답호는
고려시대 답호의 구성과 봉제법을 생생하게 보여준다. 이는
현존하는 답호 유물 중 가장 오래된 것이며, 해인사 목조
비로자나불 복장 유물과 함께 현존하는 고려시대 대표적 복식
유물이다. 경사는 명주실, 위사는 모시실을 사용하여 섬세하게
짠 사저교직紗紵交織 복식으로서의 가치도 높다.

문수사 답호 유물을 바탕으로 전통 방식으로 수직한 사저교직으로
답호를 제작했다. 맑고 투명한 느낌이며 위사에 색의 농도가 다른
천연 모시 올이 드문드문 나타나 은은한 멋을 더한다. 이중 깃을
달고, 고대 뒤쪽과 어깨에 사각형 바대를 대었으며, 양옆 트임을
중심으로 사다리꼴 무를 달고 다섯 겹의 주름을 잡았다.

답호 | 견, 모시, 장정윤, 2013

실크와 모시로 직조한 답호

Da-po men's coat woven with silk and
ramie threads as warp and weft

답호는 시대의 흐름에 따라 짧은 소매가 있는 형태에서
소매가 없는 형태로 변화했다. 조선 후기에는 서양의 조끼처럼
소매, 깃, 섶이 없는 전복戰服을 많이 입었는데, 전복은 답호가
군복으로 사용되면서 생긴 명칭으로 보인다. 「고종실록高宗實錄」
같은 문헌 자료에는 전복과 답호의 명칭을 구분하려는 노력이
기록되어 있다.

단국대학교 석주선기념박물관 소장 탐능군耽陵君, 1636~1731
답호를 참고하여 제작했다. 조선 중기형 답호로 소매가 없고
뒷중심에 트임이 있으며, 양옆에 무가 달려 있다. 경사는 견사,

위사는 저마사를 사용하여 섬세하게 짠 사저교직의
연화만초보문蓮花蔓草寶紋이 청신한 멋을 낸다. 연꽃 문양은
불교문화와 함께 전래된 것으로 진흙 속에서도 깨끗한
자태를 보여주어 속세를 떠난 청결함을 상징한다.

왼쪽
온지음 제작 연화무늬 사저교직

오른쪽
답호 | 견, 모시, 장정윤, 2013

절제된 무관의 가죽 옷

Leather garments with a restrained
design for military officers

조선시대 복식의 소재는 직물뿐 아니라 가죽도 활용되었다.
구의裘衣는 방한을 위해 덧입는 가죽으로 만든 옷으로 갖옷이라고도
했다. 중요민속자료 제21호 남이흥南以興, 1567~1627 장군 녹피
방령포方領袍는 16세기 말에서 17세기 초에 착용한 것으로 보인다.
소재와 바느질 땀 크기는 유물과 동일하게 제작하였다.
깃은 방령으로 마주 보게 되어 있고 앞여밈과 뒤트임에 쌍밀이
단추를 달았다. 포의 가장자리에는 가죽의 색상과 대비되는
백피의 가는 선단을 둘렀다. 무관의 강인하고도 절제된 멋을
느낄 수 있다.

구의 | 녹피, 이경선, 2021

사슴 가죽인 녹피鹿皮로 만든 사폭바지이다. 사폭바지는 임진왜란
이후 남자가 주로 입었던 바지로, 조선 전기 남자 바지는
개당고와 합당고 등 비교적 종류가 다양했으나 점차 단순화되면서
넓은 통바지가 사라지고 사폭바지 한 가지로 일원화되었다.

당진 충장사에 소장되어 있는 남이흥 장군 일가 유품의 구의와
녹피 바지를 실견하고 제작한 것으로, 조선시대 가죽 바지의
독특한 멋스러움을 느낄 수 있다. 원통형 허리 부분과 마루폭,
사폭으로 구성되어 있으며, 겉감은 녹피, 선단은 백피를
사용하였다. 유물과 근접하게 1㎝ 안에 5~6땀이 들어가도록
구멍을 뚫은 후 합사한 견사에 초칠하여 바느질하였다. 바지폭을
이을 때 가죽이 늘어나지 않도록 한지를 0.4㎝로 길게 잘라
가죽의 한쪽 면에 덧대어 박은 후 가름솔로 처리했다.

위
남이흥 南以興, 1567~1627 장군 구의, 녹피 바지 17세기 초 추정. 충장사 소장

가죽 바지 | 녹피, 이경선, 2019

모던한 세가닥 바지

Modern *segadak-Baji* women's drawers

윤선언尹善言, 1580~1628 묘 출토 세가닥 바지
16~17세기, 단국대학교 석주선기념박물관 소장

세가닥 바지는 바지통이 세 개로 이루어져 붙여진 명칭이다.
15세기 후반부터 17세기 초까지 사대부 집안의 묘에서
출토되었다. 일반 바지와 달리 짧은 가닥과 긴 가닥으로 구성된
합당고合襠袴를 먼저 만들고, 짧은 가닥 안쪽에 개당고開襠袴 형식의
긴 가닥 하나를 겹쳐서, 한쪽 바짓가랑이가 이중이 되는
구성이다. 즉, 밑이 막힌 합당고와 밑이 트인 개당고가 하나로
결합된 독특하면서도 기능적인 방한용 속옷이다. 현재 세가닥
바지 유물은 총 9점에 불과하며, 남성의 묘, 여성의 묘,
합장묘에서 출토되어 남녀 모두 입었을 것으로 추정한다.
출토된 총 9점의 유물 중 8점에 솜이 사용되었고, 그중 7점은
누벼져 있다.

조선시대 여인의 품격, 원삼

Wonsam, a ceremonial robe for
upper-class women

원삼圓衫은 왕비 이하 내·외명부의 대례복이며 민간에도 특별히
허용되어 혼례복으로 입었다. 원삼이란 앞깃이 둥근 데에서
온 명칭으로 옆이 트여 있고 앞보다 뒤가 길다. 넓은 소매는
색동을 장식하고 흰색의 한삼을 연결한 것이 일반적인 구조이다.
조선 전기에는 왕실과 사대부 여성들이 원삼 외에도 노의, 장삼
등 다양한 예복용 덧옷을 착용했으나, 조선 말기로 들어서며
예복이 원삼과 당의 중심으로 단순화되었다. 이에 따라 문헌과
회화 자료에 원삼 착용 사례가 자주 등장하고, 비교적 많은
유물이 현존한다. 문헌에 따르면 왕비는 주로 홍원삼紅圓衫을,
세자빈이나 후궁은 자적원삼紫赤圓衫과 녹원삼綠圓衫을, 공주나 옹주,
사대부 여성은 녹원삼綠圓衫을 착용하였다. 예복인 만큼 신분과
장소에 따라 색상, 문양, 보補의 형태와 위치에 차등을 두었다.

도투락댕기

Doturak-daenggi hair ribbon

혼례복을 입고 족두리나 화관을 쓸 때 머리 뒤에 늘어뜨리던
장식으로, 검은 비단 겉감에 다홍 안감을 대 자주색으로 비치게
만든다. 두 갈래를 맞대어 윗부분을 삼각형 모양으로 만든 후
길상무늬를 금박하고, 위에는 석웅황, 은칠보, 옥판 등을,
아래쪽에는 은칠보나 밀화를 덧붙여 장식성을 더했다.

도투락댕기 온지음 제작

족두리

Jokduri

원삼이나 당의唐衣와 함께 착용하는 예관으로 가체금지령이
시행된 이후 널리 사용됐다. 검정색 비단에 홍색 안감을 대어
만들며, 솜을 넣은 '솜족두리'와 솜이 없는 '홑족두리', 가체
밑받침으로 사용한 '어염족두리' 등이 있다. 혼례용은 옥, 산호,
진주 등을 장식하고, 제례용은 장식 없는 '민족두리', 상례용은
'흰족두리'를 썼다.

족두리 온지음 제작

화관

Hwagwan

조선시대 여인들이 예복을 입을 때 갖추어 쓰던 장식용 쓰개이다.
배접한 종이에 검은색 비단을 붙이고 진주, 산호, 호박 등의
보석과 술을 달아 장식했다. 가체가 금지되면서 족두리와 함께
화관을 쓸 것을 권장했고 서민들도 혼례 때에는 화관 사용을
허용하게 되었다. 활옷이나 당의를 입을 때에도 사용했다.

화관花冠 온지음 제작

단국대학교 석주선기념박물관에 소장된 국가민속문화재
제211호, 조선 제23대 임금 순조純祖, 1790~1834의 셋째 딸인
덕온공주德溫公主, 1822~1844 원삼은 덕온공주가 16세에 남녕위
윤의선尹宜善, 1823~1887과 혼인할 당시 대례복으로 착용한 예복으로
전해진다. 이는 조선 후기 궁중 여성의 격식 있는 예복 양식을
잘 보여주는 유물로 평가받고 있다.

유물은 연두색의 화문사花紋紗로 지은 겉감에 홍색사를 안감으로
덧댄 겹옷 구조였으나, 안감은 한국전쟁 당시 분실되어 현재는
외피만 전해지고 있다. 원삼의 앞여밈과 도련, 옆선에는 남색
선단을 둘렀고, 앞길이가 짧고 뒷길이가 긴 전단후장형前短後長形
구조를 취하고 있다. 연두색 바탕에 '수복壽福'문자를 금박하여
장식성과 동시에 길상의 의미를 부여하였다. 넓은 소매 끝에는
홍색과 황색 두 가지의 색동으로 장식했고, 흰색의 한삼汗衫이
연결되어 있다. 이러한 구성은 조선 궁중 예복의 정제된
아름다움과 신분적 권위를 동시에 보여준다.

세가닥 바지 | 견, 이경선, 2019

간편하게 차리는 격식, 당의

Dang-ui, a simple and formal women's jacket

당의는 궁중복식 중 가장 간편한 예복이다. 왕실의 여인은
평상시에 입었고, 소재나 장식을 달리해 크고 작은 예식과
명절에도 착용했다. 비빈과 공주의 당의에는 금박 장식 외에
보補를 달 수 있었고, 상궁 및 내인들도 예복으로 착용했다.
또한 반가 부인들이 입궐할 때에는 금박이 없는 초록색 당의를
예복으로 입었으며 민간에서는 혼례복으로도 착용했다.
여름에는 홑당의를 입었는데, 단오 전날 왕비가 흰 홑당의로
갈아입으면 다음 날인 단옷날부터 다른 궁중 여성들이 홑당의로
갈아입을 수 있었다. 추석 전날에는 다시 왕비가 겹당의로
먼저 갈아입었다.

단국대학교 석주선기념박물관에 소장된 해평 윤씨海平尹氏, 1660~1701
홑당의를 실견하여 유물과 같이 제작하였다.
소재는 온양민속박물관에 소장된 19세기 안동 김씨安東金氏
집안 묘 출토 직물을 참조하여 온지음에서 제직한 생고사生庫紗를
사용했다. 홑옷에서 보이는 어깨 바대를 대었고 깃의 형태는
목판당코깃이며, 깃 주위를 홈질하여 오그려 완만한 곡선을
만들었다. 17세기에 보이는 당의의 완만한 곡선은 1cm로 말아
공그르기 하였고, 거들지가 아닌 끝동을 달아 제작하였다.

당의 | 견, 이경선, 2018

덕온공주 유물을 참고하여 조선 후기 녹원삼을 재현했다. 겉감은
연두색 도류불수사桃榴佛手紗를 사용했는데, 이는 복숭아꽃과 석류,
불수감佛手柑 등의 길상무늬가 들어간 얇고 투명한 비단으로 장수와
자손번창을 기원하는 상징적 의미가 담겨 있다. 여기에 유물과
같이 '수복壽福' 문자를 금박했다.

안감은 분홍빛의 생고사生庫紗로, 사군자와 모란무늬를 함께 짠
문양직을 선택했다. 사군자는 군자의 덕목을, 모란은 부귀영화를
상징하며, 이 두 무늬의 조합은 혼례복 안감에 어울리는 복된
상징을 담아낸다. 연두색 겉감 위로 안감의 분홍색이 은은하게
비쳐 보이도록 직물의 투명성을 조절해, 조선 복식 특유의 중첩된
색감의 아름다움을 시각적으로 구현했다. 앞여밈과 도련,
옆선에는 남색 선단을 둘러 장식했다. 소매는 넓고 끝동에는
홍색과 황색 색동을 더하고, 흰색 한삼을 연결해 의례복다운
품격을 더했다.

원삼 | 견, 이경선, 2016

원삼 속에는 삼회장저고리, 스란치마, 대란치마, 당의를 갖춰 입었다.

삼회장저고리는 저고리의 세 부분에 회장을 하였다는 의미에서 비롯되었는데 세 부분에 대한 해석은 여러 견해가 존재한다. 1948년에 손정규가 저술한 「조선재봉전서」에 삼회장저고리에 해당하는 '삼호장저고리' 또는 '호장저고리'라는 명칭이 처음 등장하며, 깃과 고름, 끝동 부분을 이색으로 장식한 것을 삼회장이라 하였다. 이 설명에서는 겨드랑이의 곁마기가 제외되어 있다. 또한, 1948년 발간한 이소담의 「재봉교본」에도 삼회장저고리라는 명칭이 등장하는데 깃과 회장, 끝, 끝동을 자주색으로 장식했다고 한다. 자주색 장식을 네 부위에 사용하고 있어 삼회장이 정확히 어느 부위인지 분명하지 않다. 그리고 '곁마기'라는 용어는 보이지 않고 '회장'이라고만 명시되어 있다. 1949년의 「국어학참고도감」에는 이소담의 설명과 동일하게 네 부위에 장식한 호장저고리의 도상이 제시되어 있으며, 반호장저고리와는 겨드랑이 부위 곁마기 장식의 유무에 차이가 있다. 조선시대에는 민저고리에도 자주색 고름을 흔히 사용하였기 때문에, 깃ㆍ끝동ㆍ곁마기 부분을 삼회장 부위로 규정하는 것이 좋을 듯하다.

스란膝襴은 무릎선에 두른 장식 선을 뜻하며, 직금이나 금박으로 문양을 찍은 것을 치마의 무릎 부분 또는 도련단에 가식한 것이다. 스란치마의 색은 주로 남색이나 홍색 계열이며, 무늬는 착용자의 신분에 따라 달라졌다. 황후와 왕비는 용문龍門, 세자빈ㆍ공주ㆍ옹주는 봉황문鳳凰紋, 외명부의 부녀는 문자문文字紋이나 화문花紋을 사용했다. 직금이나 금박 문양을 치마의 무릎 부분과 도련단에 동시에 가식한 것을 대란大襴이라 한다. 대란치마는 대례복에 주로 착용했으며, 대란치마만 입은 경우도 있었지만 스란치마 위에 겹쳐 입어 아래로 스란단이 드러나게 하는 방식도 있었다.

당의는 왕실에서 크고 작은 예식과 명절, 사철 문안례 복식으로 착용했을 뿐 아니라, 재료와 장식의 차이를 주어 상궁 및 내인들도 예복으로 사용했다. 또한, 반가 부인들이 입궐할 때 입는 예복이었고, 민간에서는 일반 여성들의 계례복笄禮服이나 혼례복으로도 착용되었다. 조선 전기의 의례용 옆 트임 긴 저고리가 조선 후기에는 점차 당의로 발전한 것이다. 형태는 저고리와 유사하나 길이가 더 길어 입었을 때 무릎에 닿으며 겨드랑이 아래부터 양옆 선이 트여 있고 도련은 곡선이다. 색은 자주, 초록, 남송, 백색 등이 문헌에 기록되어 있다. 안감은 보통 홍색 계열, 고름은 자주색을 달았고, 소매 끝에는 한지로 안감을 댄 흰색 거들지를 덧대었다. 궁중에서는 신분에 따라 용ㆍ봉황ㆍ꽃ㆍ문자 등의 문양을 직금이나 금박으로 장식했다.

왼쪽부터
삼회장저고리, 스란치마, 당의, 원삼 | 견, 이경선, 2016

덕온공주德溫公主, 1822~1844 원삼 19세기, 단국대학교 석주선기념박물관 소장

「이승영기尼僧迎妓」
신윤복申潤福, 1758~1814 추정, 18세기 후반, 간송미술관 소장

19세기 여인의 외출복 장옷

Jang-ot women's cloak-shaped veil for going out
from the 19th century

조선시대 여인이 치마저고리 위에 덧입은 외출용 겉옷이다.
깃 모양이 들여 달린 목판깃형이고, 깃, 겨드랑이, 끝동,
고름을 몸판과 조화로운 색상으로 하여 멋을 냈다. 섶과 무를
크게 이어 붙여 밑자락이 퍼지게 해 풍성한 치마 위에 덧입기
적합했다. 신윤복申潤福, 1758·1814 추정의 풍속화에서 볼 수 있듯이
장옷은 여인용 쓰개로 널리 알려져 있으나 이는 조선 후기
착장법이고, 조선 전기에는 두루마기처럼 겉옷으로 착용했다.
단국대학교 석주선기념박물관에 소장된 덕온공주德溫公主, 1822~1844
장옷은 장옷과 쓰개의 과도기적 형태를 보여주어 복식사적
의의가 크다. 겉감은 녹색 경광주이며 깃과 고름은 명주, 안감은
옅은 분홍색 모시, 소매 끝과 동정은 풀을 먹여 다듬질한 소색
명주를 사용했다.

이 작품은 덕온공주의 장옷을 참고하여 제작했다. 겉감은 생명주,
안감은 모시를 다듬질하여 사용하였고, 깃과 섶은 좌우대칭을
이룬다. 폭은 겉감과 안감을 각각 바느질하여 연결하지 않고
겉감과 안감을 끼워 박아가며 연결하였으며, 뒷중심 솔기는 입어서
오른쪽, 다른 솔기들은 가운데를 중심으로 서로 대칭으로 꺾었다.

장옷 | 견, 모시, 이경선, 2017

기복과 상징

BLESSING AND SYMBOLS

옷

Symbolic designs wishing for good fortune

Koreans have long believed that a divine being resided in nature, which was expressed through fear and awe of the sky, and that the best way to live was to live according to the sky's will. Eventually, Koreans developed a habit of giving meaning to everything they did in their daily lives to ensure they were worthy of receiving blessings. Such habits also made their way into fashion. The colors and patterns of textiles and accessories often contained shamanistic metaphors to garner blessings, ward off bad luck and spirits, and wish happiness for the wearer. Auspicious patterns and colors symbolizing good fortune and happiness—under the themes of health and longevity, wealth and prosperity, and well-being and longevity—were applied to garments and accessories either through embroidery or gold and silver imprints.

The most significant colors were yellow, white, red, blue and black, or *obang-saek*. These colors represent the five elements of wood, fire, earth, metal, and water, generated from the two forces of yin and yang, which created sky and land. According to the Yin-Yang and the Five Elements Theory, the rules of cosmic movement govern people's fortunes. The five colors played a major role in constructing the principles of color arrangements for traditional Korean costumes. They are most prominently found in *saek-ddong*, a pattern of multicolored stripes. The first finding of it, known to this day, is on a noble lady's skirt from the murals of Goguryeo Susanri tomb. It went out of fashion for a long time and reappeared in the late Joseon era as the act of wishing for blessings and luck became increasingly important. Saek-ddong was most often employed for ceremonial costumes marking significant life events. What first started as a way of wishing protection from evil and a long, healthy life for fragile babies by dressing them in a *jeogori* with saek-ddong sleeves evolved into *dolbok* (a ceremonial costume for first birthday) and *seol-bim* (a ceremonial costume for New Year's Day), a tradition which survives to this day. The stripes were also added to the ends of the sleeves for bridal robes such as *hwarot* and *wonsam* to wish a long and happy marriage.

Meanings were considered when choosing patterns and designing as well. This is different from how Western designs prioritized visual aesthetics over meanings. The five-bat pattern for luck, the heavenly peach for longevity, the gourd for health and long life, the four gracious plants— plum blossom, orchid, chrysanthemum, and bamboo—symbolizing the graciousness of a man of virtue, and the peony for wealth and prosperity were preferred for textile patterns. Then they were carefully arranged to create a visually pleasing balance. Sometimes, Chinese characters that stand for longevity and blessing were directly imprinted to create patterns.

The same was true for the designs of *norigae* (women's pendant) which was worn at the waist of *chima* or tied at the breast-ties of *jeogori*, complementing a look. A *norigae* would be designed after flora and fauna that represent longevity, prosperity, and fertility, such as peach, fingered citron, pomegranate, grape, chili, eggplant, bat, butterfly, cicada, and fish, and crafted in materials such as jade, red agate, and coral.

복된 삶을 염원하는 상징미

우리 민족의 정서에는 하늘을 두려워하고 공경하며 하늘의 뜻을 받드는 경천사상敬天思想과 함께 현실적인 삶에서 복을 기원하는 기복 신앙이 깊숙이 내재되어 있다. 이런 사상은 의복 디자인에도 자연스럽게 드러나는데, 착용자의 행복을 바라는 염원과 액귀가 다가오지 못하도록 하는 주술적 의미를 의복의 무늬, 색상, 장신구 등을 통해 은유적으로 표현했다. 무병장수無病長壽, 부귀영화富貴榮華, 만수무강萬壽無疆, 수복강녕壽福康寧 등 복락을 기원하는 다양한 길상무늬와 색상을 디자인의 소재로 삼아 의복과 장신구에 화려한 자수나 금박을 넣어 표현했으며, 오랜 역사만큼 관련된 흥미로운 아카이브도 다채롭게 축적되어 왔다.

가장 중요하게 생각한 색상은 노란색, 하얀색, 빨간색, 파란색, 검은색이었다. 즉, 황黃, 청靑, 백白, 적赤, 흑黑으로 구성된 오방색五方色으로 순수하고 섞임이 없는 다섯 가지 기본색이다. 이는 음과 양의 기운이 생겨나 하늘과 땅이 되고 다시 음양의 두 기운이 목木 · 화火 · 토土 · 금金 · 수水의 오행을 생성하였다는 음양오행설陰陽五行說에서 비롯됐다. 음양오행설에 따르면 우주의 운행 원리에 따라 인간은 길흉화복의 지배를 받는다.

오방색은 한복의 고유 배색 원리를 형성하는 데 상당히 중요한 영향을 끼쳤다. 음양오행설이 우리나라에 전래된 것은 이미 고대 삼국시대부터이며, 특히 조선 후기에는 음양오행의 작용을 자연의 순리로 인식하는 성리학적 사상과 동일시되면서 우리 민족의 생활 곳곳에 큰 영향을 미쳤다. 특히 색동은 대표적인 오방색의 사용 사례다. 색동이 의복에 적용된 사례는 고구려 수산리 고분 벽화의 귀부인 치마에서 처음으로 발견되는데, 이후 오랫동안 우리의 한복에서 보이지 않다가 조선 후기 기복 신앙이 부각되면서 다시 본격적으로 등장하기 시작했다. 색동은 인생의 중요한 변환점이 되는 의례 복식에서 중요하게 쓰였다. 연약한 어린아이를 액귀에서 보호하고 무병장수를 기원하기 위해 색동저고리를 예쁘게 만들어 입혔던 것에서 유래하여 이후 모든 어린이의 돌 옷이나 설빔으로 전래되었고, 결혼 때 신부가 입는 활옷이나 원삼의 소매 끝에 색동을 넣어 복된 삶을 기원하기도 했다.

한국 복식은 무늬를 선택할 때에도 내재된 의미를 우선시했다. 서양의 무늬가 시각적 아름다움을 추구한 것과는 차별화되는 지점이다. 복을 상징하는 다섯 마리의 박쥐를 새긴 박쥐무늬, 장수를 상징하는 천도무늬, 무병장수를 상징하는 호로무늬, 군자의 품격을 상징하는 매란국죽의 사군자무늬, 부귀영화를 상징하는 모란무늬 등 무늬에 담긴 상징적 의미를 먼저 선택한 뒤 이들이 아름답게 조화되도록 배열하는 방식으로 디자인했다. 심지어 장수와 복을 비는 수壽, 복福 같은 문자를 직접 시문하여 옷감으로 사용하기도 했다. 조선 후기 옷감에 시문된 무늬에는 도교, 불교, 유교의 길상무늬가 공존하며 조화를 이룬 사례가 많이 남아 있어 흥미롭다. 종교를 초월해 옷감의 무늬에 담긴 상서로운 의미가 옷을 지어 입은 사람에게 좋은 영향을 준다고 믿음으로써 심리적 안정감과 만족을 얻고자 한 것이다. 특히 새로운 인생을 시작하며 입는 조선 후기 신부의 혼례복인 활옷에 수놓은 무늬와 색은 상징미가 아름답게 집약된 최고의 작품으로 세계적으로 주목받고 있다.

저고리의 고름이나 치마허리에 달아서 옷차림을 돋보이게 장식하는 노리개에도 기복의 의미를 담아 완성도 높게 만들었다. 노리개는 자연에서 무병장수, 부귀영화, 자손번창을 상징하는 복숭아를 비롯해 불수감(감귤과 식물로 부처의 손을 닮았다고 해서 지어진 이름), 천도, 석류, 포도, 고추, 가지, 박쥐, 나비, 매미, 물고기와 같은 동식물의 형태를 택해 옥, 자만옥, 산호, 비취 등의 소재로 만들었다.

백일을 맞이한 아이의 무병장수를 기원하며 백 조각의
저고리를 정성스레 지어 입혔다. 저고리는 남아 여아 구분 없이
허리까지 오는 길이에 깃과 섶을 달고 긴 고름을 달아 가슴을
한번 돌려 앞에서 묶어준다. 봄, 가을, 겨울에는 고운 무명이나
명주를 누벼서 만들고 여름에는 항라나 고운 모시를 다듬어
겹으로 만든다.

海 如 富 山 如 壽

무병장수를 기원하는 백일 옷

Bae-gil-ot, worn on the one hundredth day of a
baby's life to wish health and longevity

자손이 귀한 집안에서는 백 살까지 장수하기를 바라면서
정성을 기울여 백 줄을 누비거나 백 조각의 천을 이어 백일 옷을
만들어 입혔다. 주로 흰색으로 만드는 일반인의 백일 옷과 달리
왕실에서는 다양한 색옷을 입혔는데 복건, 쾌자, 주의, 바지,
행전, 오목이 등을 갖추어 준비했다. 백일이 되면 걸어 다니지는
못해도 행전과 오목이 버선을 상징적으로 준비했다.

남녀 백일 옷은 백 조각의 천을 이은 저고리로 제작했다.
겉고름을 길게 하여 몸을 한 바퀴 돌려 고름을 매었고 금박으로
장식하여 수명장수壽命長壽를 기원했다. 남아는 용변이 편리하도록
뒤가 터진 풍차바지, 여아는 배와 하체를 따뜻하게 해주기 위한
두렁치마의 형태로 제작하였다.

남녀 백일 옷 | 견, 정은미, 2017

기쁨을 상징하는 남녀 돌 옷

Girl's and boy's first-birthday costumes, symbols of happiness

첫돌에 관한 가장 오래된 기록은 「조선왕조실록」 태종太宗
12년(1412) 11월 4일, 임금의 어린 아들 종禔의 첫돌에 초례를
베풀어 장수를 빌었다는 것이다. 여아의 돌 옷은 1913년경
덕혜옹주德惠翁主, 1912~1989의 돌 사진을 통해 당의를 입은 모습을
확인할 수 있다. 민가에서는 돌 이전까지는 흰색이나 소색素色을
주로 입히지만 돌이 되면 선명한 색상의 옷을 입히기 시작한다.

특히 색동저고리와 두루마기가 대표적 품목이며, 색동은 오방색
중 검은색을 제외한 황·청·백·적을 기본으로 분홍, 자주, 초록
중 한두 가지 색을 더해 음양오행의 상생相生과 상극相剋의 조화를
이루도록 했다.

여아 돌 옷　Girl's *Dol-ot*, a first-birthday costume

여아 돌 옷 일습은 당의·저고리·치마·풍차바지·조바위로
구성된다. 초록색 명주 당의에 짙은 가지보라색 명주 고름을
달고 전체에 아기의 무병장수와 복된 삶을 기원하는 수복壽福
문자를 금박했다. 안에는 노란색 생고사 삼회장저고리를 입힌다.
치마는 홍색 숙고사와 진분홍색 노방을 겹으로 제작하고,
스란단에 수壽·복福·백百·세歲·남男 등의 문자와 석류, 여지
등의 화초花草 무늬 금박을 찍어 덧대었다. 치마 안에는 노란색
생고사 속치마와 뒤트임이 있는 진주사 풍차바지를 입힌다.
조바위에는 나비와 국화무늬 금박을 찍고 앞뒤로 오봉술과
삼봉술로 장식했다. 버선과 꽃신을 신고, 괴불 장식이 달린
오방주머니를 더하기도 한다.

여아 돌 옷 일습 | 견, 이경선, 2017

남아 돌 옷 일습 | 견, 이경선, 2017

남 아 돌 옷   Boy's *Dol-ot*, a first-birthday costume

남아 돌 옷 일습은 까치두루마기 · 전복 · 바지 · 저고리 · 배자 ·
전대 · 돌띠 · 호건으로 구성된다. 까치두루마기는 길을 연두색
용문갑사로 하고 안감은 꽃분홍색 생고사를 사용했다.
겉섶은 황색 숙고사, 무는 홍색 순인, 깃 · 고름 · 끝동을 남색
숙고사로 대었다. 소매는 남 · 홍 · 초록 · 진분홍 · 황 · 자주 ·
백색의 옷감을 이어 색동으로 달았다. 전복은 목숨 수壽 자와
호리병박무늬가 시문된 전형적인 생고사를 짙은 남색으로
염색하고 홑으로 제작해 투명하게 비치는 느낌을 살렸다.
목둘레와 진동에 국화무늬 금박을 찍고 도련과 트임 등
선단에는 박쥐와 문자무늬를 금박했다. 전복 위에는 문자무늬
금박을 찍은 홍색의 넓고 긴 전대를 맸다. 안에는 저고리와
바지, 배자를 입혔다. 호건은 먹색 용문갑사 안에 남보라색
생고사를 대고 홍색과 황색으로 귀를 만들었다. 금전지로
눈을 달고, 호랑이 눈썹, 수염, 이빨 등을 꼰사로 장식하였으며,
코에는 푼사로 술 장식을 달았다. 버선과 태사혜를 신고,
금장식이 달린 주머니를 더하기도 한다.

영친왕 사규삼

King Yeongchin's belongings and
Sa-gyu-sam boys' robe for coming-of-age ceremony

사규삼四揆衫은 조선시대 궁중이나 반가의 남아가 평상복으로
입는 포의 일종이지만, 관례나 돌 등의 행사에 예복으로도
입었다. 명칭은 옷자락이 네 개로 나뉜 옷이라는 뜻이다.
깃이 서로 마주 보게 되어 있고, 단추로 여미고, 소매가 넓으며
옷자락의 옆과 뒤가 트여 있어 활동하기 편하다. 앞여밈 ·
도련 · 옆선 · 수구에 검은 선을 두르고 수복강녕壽福康寧,
인의예지仁義禮智, 자손창성子孫昌盛, 수부귀다남자壽富貴多男子,
수여산부여해壽如山富如海, 박쥐, 국화 등을 금박으로 장식해 수壽
부富 강녕康寧, 유호덕攸好德, 고종명考終命의 오복을 기원했다.

사규삼은 영친왕英親王, 1897~1970이 10세 무렵 착용했던 사규삼을
참조하여 제작했다. 수壽 자, 표주박, 만초무늬 등이 시문된
전통적인 숙고사로 제작하고 앞여밈, 도련, 옆선, 수구에
검은색 순인으로 선단을 둘렀다. 안에 입는 초록색 창의는 겉과
안 모두 동일한 순인으로 제작하였다. 금박은 유물과 동일하게
박쥐문과 문자문을 진금으로 찍었다. 단추는 다섯 개의 잎이
특징적인 이왕가의 오얏꽃무늬 자만옥 단추를 제작해 달았다.

사규삼 | 견, 이경선, 2017

영친왕英親王, 1897~1970 사규삼 19세기, 숙명여자대학교박물관 소장

오방색 아동 배자

Children's *Baeja* ^{a ceremonial robe}, designed with
harmoniously coordinated five colors

음양오행 사상에서 비롯된 오방색으로 장식된 옷을 입혀,
나쁜 기운을 막고 아이들이 건강하게 오래 살기를 기원하였다.

단국대 석주선기념박물관 소장의 1880년대 어린이 배자를
참고하여 자수 배자를 제작했다. 오방색으로 구성한 색동 조각을
이은 깃 가장자리에 세땀상침을 놓아 장식했다. 몸판에는
길상을 상징하는 무늬를, 가슴과 등을 두르는 돌띠 모양의
고름에는 '富, 貴, 多, 男, 子'를 수놓았다.

자수 배자 | 견, 이홍순, 2011

활기찬 기운이 느껴지는 아동 배자는 조각보처럼 색색의
조각을 이어서 제작했다. 이는 한국자수박물관에서 소장하고
있는 조선 말기 어린이 배자를 재현한 작품이다. 여러 가지
다른 색상과 질감의 조각 천을 사각형으로 잘라 나란히 배열하여
질서 속에 자유로움을 느낄 수 있고, 예쁜 아이를 바라볼 때의
기쁜 마음도 느낄 수 있다. 가슴과 등을 두르는 돌띠 모양의
고름에 '富, 貴, 多, 男, 子'와 같이 좋은 뜻을 지닌 글귀를 무늬
삼아 수놓았다.

조각 배자 | 견, 이홍순, 2011

화사한 자수 저고리

A beautiful *Jeogori* with embroidery

여인의 저고리는 외의外衣적인 성격이 강해 깃, 겨드랑이, 끝동,
고름 등을 장식한 화려한 저고리가 다채롭게 유행했다.
임진왜란과 병자호란 이후에는 저고리의 길이와 품이 짧고
좁아지며 단소화되기 시작했다. 17세기 이후 저고리는 16세기에
비교하여 신체에 맞는 실용적인 형태를 보인다.

성주 이씨 형보의 부인 해평 윤씨海平尹氏, 1660~1701 묘에서
출토된 저고리 중 갖은 무늬를 수놓은 의례용 자수 저고리는
복식학계에 보고된 출토 복식 중 최초의 자수 저고리이다.
겉감은 격자화문단格子花紋緞을 사용하고 안감은 명주로 제작한
겹저고리로 끝동과 겉마기 부분을 푼사로 곱게 수놓았다.
자수는 만개한 매화, 가지 위에 앉아 있는 한 마리의 새,
벌과 나비 등의 곤충과 전보錢寶, 서각犀角, 서보書寶, 호리병 등
보배무늬寶紋를 곁들여 수놓았다.

이 작품은 단국대학교 석주선기념박물관이 소장하고 있는
해평 윤씨 자수 저고리를 참고하여 소재와 크기, 자수도안 등을
유물에 가깝게 재현했고, 자수 명장과 협업해 자릿수, 가름수,
평수, 씨앗수, 점수, 속수, 징금수 등 다양한 전통 기법으로
수를 놓았다.

저고리 | 견, 이경선, 2024

二姓之合
百福之源

활옷闊衣 19세기, 필드 박물관 소장

상징미가 집약된 혼례복 활옷

Hwarot bridal attire, rich with symbolic aesthetics

활옷闊衣은 '화려한 꽃무늬가 강조된 큰 옷'이라는 뜻으로,
조선시대 공주와 옹주가 혼례식에 입던 의례복이다. 검소함을
중시한 조선 사회에서 화려한 장식은 대부분 금기시되었지만,
혼례복인 활옷만은 예외적으로 금박과 자수가 허용되었다.
조선 후기에는 일생 단 한 번뿐인 혼례날만큼은 민간의 신부에게도
공주의 복식을 본뜬 활옷 착용이 허락되었으며, 제작에 많은
시간과 인력이 소요되었기 때문에 대여해 입는 것이 일반적이었다.

'활옷'이라는 명칭은 근대 이후 등장하지만, 붉은 비단에 각종
무늬를 가득 수놓은 여인 혼례복의 기원을 거슬러 올라가면
조선 왕실 혼례복인 홍장삼紅長衫에 이른다. 가장 귀한 붉은색인
대홍大紅 비단 위에 백년해로百年偕老 · 다산多産 · 장수長壽 등 부부의
앞날을 축복하는 의미를 담은 문양을 수놓은 이 예복은,
공주 혼례 기록에 나타나는 노의露衣와 겹장삼裌長衫과도 맥을
같이한다. 청연공주淸衍公主, 1754~1821의 노의 유물은 붉은 원형
바탕에 금박을 찍은 예로 남아 있으며, 또 다른 혼례복인
겹장삼은 궁중 기록에서는 '대홍광적겹장삼大紅廣的裌長衫'이라
표기되었으나 궁녀들의 실무 기록인 「궁중발기宮中發記」에는
'홍장삼'이라는 순우리말 표현이 사용되었다.

1847년 경빈 김씨敬嬪金氏, 1832~1907의 가례에 관한 기록에 따르면
혼례식에는 직금 홍장삼을 입고 폐백 시에는 직금 원삼을
입는다고 되어 있다. 궁중의 홍장삼 기록에는 주로 금박으로
장식했으나 1837년에 제작된 덕온공주 홍장삼의 무늬가
그려진 수본繡本 뒷면에 '홍장삼 수초 저동궁紅長衫 繡綃 齊東宮'이라고
쓰여 있어 홍장삼에 수를 놓았음을 알 수 있다. 덕온공주의
언니 복온공주福溫公主, 1818~1832의 활옷 유물에는 자수와 금박
두 가지를 모두 사용하였다. 양반가의 혼례복으로서
홍장삼 기록은 17세기부터 보이기 시작한다. 박규수의
「거가잡복고居家雜服考」에는 "혼인에 얼마의 돈을 주고 복식을
세내는데…(중략)…홍장삼이란 것이 있고 붉은 비단 바탕에
연꽃을 가득히 수놓아 화려하고…(후략)"라고 쓰여 있다.

활옷이라는 명칭은 19세기 이후 기록에서 찾아볼 수 있다.
1848년에 쓴 고대소설 「황주목사계자기黃州牧使戒子記」에 신부의
복식을 '슈할옷'이라 쓰기 시작했고 이후 활옷의 명칭이
일반화되었다. 그럼에도 여전히 왕실과 양반가에서는
'홍장삼'이라는 한자어 명칭을 주로 사용하였고 일반인은
큰 옷이라는 순우리말의 '할옷, 활옷'이라 불렀다.
활옷을 가득 메운 자수무늬는 모란과 연꽃, 봉황과 백로, 천도,
나비, 동자, 물결과 괴석, 보배와 문자무늬를 기본으로 하여
인생을 새롭게 출발하는 신부의 자손번창, 부부의 행복, 부귀와
장수를 향한 간절한 소원을 담아 홍색 비단 바탕에 아름답게
디자인한, 상징미가 집약된 최고의 작품이라 할 수 있다.

현재 활옷 유물은 국내 박물관 소장 20여 점과 해외 박물관 소장
20여 점으로 그 수가 매우 적다. 온지음은 시카고의 필드
박물관에 소장된 활옷을 바탕으로 재현했다. 다홍색 바탕에
장수와 길복, 다산을 의미하는 물결, 바위, 불로초, 어미봉,
새끼봉, 호랑나비, 연꽃, 모란꽃 등 문양을 옷 전체에 화려하게
수놓았으며 뒷면에는 이성지합二姓之合, 백복지원百福之源의
문자문文字紋을 수놓았다. 자수는 자릿수, 가름수, 평수, 씨앗수,
징금수, 지련수 등 다양한 전통 기법으로 수를 놓았다.

활옷 | 견, 이경선, 2017

삼작노리개

Samjak-norigae pendant with three ornaments

노리개는 여인들이 저고리 고름이나 치마 허리에 차는 장식으로
조선시대 궁중이나 상류층부터 평민에 이르기까지 널리 착용했다.
노리개에는 여러 상징이 담겨 있다. 삼작三作노리개의 삼三은
천지인天地人을 의미하기도 하고 가문의 삼대가 화합한다는 의미가
있어 친정에서 혼수로 마련하거나, 시댁에서 며느리에게
물려주기도 했다.

금·은·동·호박·진주·산호·비취·밀화 등 값비싼 보석을
원재료 그대로 쓰거나 나비·박쥐·동자·가지 등의 모양으로도
만들었다. 옥나비 한 쌍은 칠보 금판에 산호·공작석·진주로
화려하게 장식하여 부부가 사랑으로 해로하라는 의미를 담았다.
박쥐는 장수를, 동자와 가지는 자손 번창의 의미가 담겨 있다.

대삼작노리개는 궁중 의식이나 양반가 혼례에 사용된 가장
호화로운 노리개로 원삼과 활옷 등과 함께 예복의 대대大帶에
걸어 사용했다. 보통 밀화를 불수佛手 모양으로 조각한 것과
옥나비 한 쌍 그리고 산호를 자연 그대로 매단 산호가지로
구성되는 것이 특징이다.

삼작노리개 온지음 제작

도투락댕기

Doturak-daenggi hair ribbon

큰댕기 또는 뒷댕기로도 불리는 도투락댕기는 궁중이나
양반가에서 신부가 예장에 사용하는 머리 장식이다.
검은색 비단 겉감에 다홍색 안감을 대 자주색으로 비치게 만든다.
두 갈래를 맞대어 윗부분을 삼각형 모양으로 만든 후, 초화문草花紋,
문자문文字紋, 동자문童子紋 등 길상적 의미를 지닌 무늬를 화려하게
금박하여 장식한다. 윗부분에는 석웅황, 은칠보, 옥판 등의
장신구를, 아래쪽 가닥에는 은칠보나 밀화를 덧붙여 장식성을
더했다. 큰댕기와 짝이 되는 짧은 앞댕기를 어깨 위에 함께
늘어뜨렸다.

이 작품은 두 갈래를 맞대어 윗부분을 삼각형 모양으로 만든 후,
댕기 전체에 화려하게 금박을 넣었다. 제비부리 중심에는 천도
모양 석웅황을, 아래에 갈라진 부분에는 작은 석웅황 다섯 개를
달아 두 갈래의 댕기를 연결해 주었다.

왼쪽
드림댕기 온지음 제작

오른쪽
도투락댕기 온지음 제작

복을 담는 주머니

Pouch meant to contain luck and blessings

영친왕의 아들인 이구李玖, 1931~2005의 돌 때 사용된 고궁박물관
소장의 두루주머니를 재현한 것이다. 홍색 바탕에 오색실로
바위, 파도, 연꽃, 불로초, 원앙을 수놓고 금사로 가장자리와
수자문壽字紋을 징금수로 수놓은 두루주머니이다. 매듭에는
금으로 된 거북 1마리, 해태 2마리, 천도 2개, 괴불 3개, 고두쇠
2개를 부착했다.

오방주머니는 동쪽은 청색, 서쪽은 백색, 남쪽은 홍색, 북쪽은
흑색 비단을 배열하고 중앙에는 사각형의 황색 비단을 대어
만들었다. 오방五方에서 재수가 들어온다는 뜻에서, 궁중이나
양반가에서 사용했고 호주머니 역할을 대신했다. 장식은 괴불,
안경집, 은장도, 버선 등으로 했다.

위
두루주머니 온지음 제작

아래
오방주머니 온지음 제작

여아 노리개

Norigae girls' pendant

노리개는 목걸이나 귀걸이를 대신해서 조선시대에 가장 다채롭게
발달한 여인의 장신구이다. 허리띠에 여러 가지 장식을 달아
착용하던 신라의 요패腰佩가 노리개의 기원으로 여겨진다.
옥노리개는 옥을 호리병 모양으로 깎아 두 개의 봉술로 제작하였고,
칠보노리개는 장도, 실패, 복숭아를 은으로 만들고 그 위에
칠보로 장식하였다.

왼쪽
옥노리개 온지음 제작

오른쪽
칠보노리개 온지음 제작

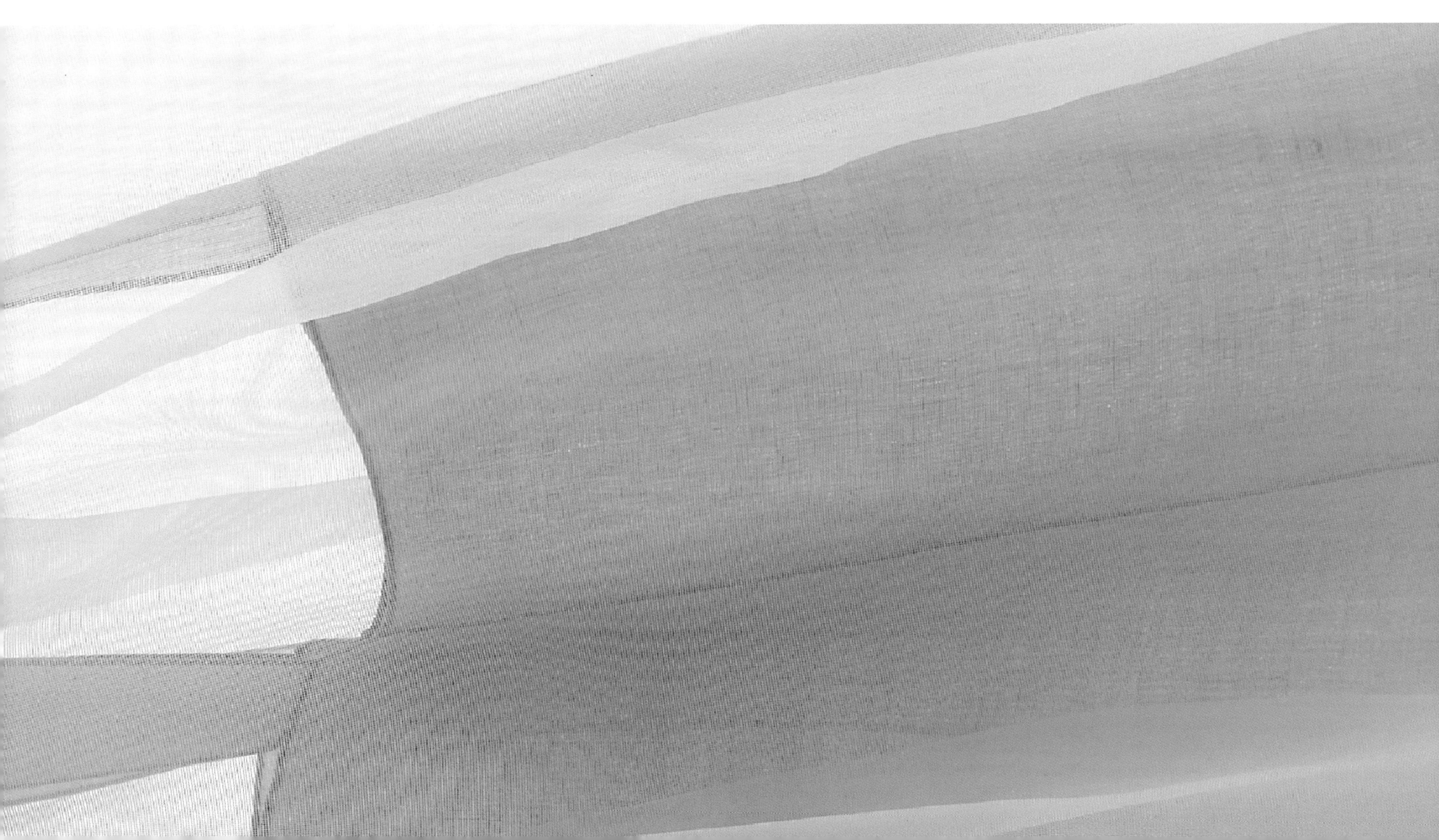

풍 류 와 파 격

POISE AND PROVOCATION

Aesthetic freedom born of a liberated spirit

The spirit of artistic taste that has persisted since the Three Kingdoms period blossomed into sensual beauty in women's Hanbok during the late Joseon Dynasty.

The concept of *poong-ryu* (artistic taste), derived from the Chinese characters that stand for wind (*poong*) and flow of water (*ryu*), dates back to the Silla Dynasty and the *Hwarang* philosophy. Silla's elite youth warriors, the Hwarang, appreciated singing and dancing, trained to develop a strong and righteous vigor, and fostered a peaceful and generous heart, so their spirits would be great enough to reach sky from earth. The art of poong-ryu involves abandoning selfish desires and simply obeying the providence of nature. The Hwarang were the embodiment of poong-ryu. This spirit was inherited through the Goryeo and Joseon Dynasties, forming the cultural foundation of Korean nobility. During the late Joseon period, when Neo-Confucianism was the governing philosophy of the kingdom, the ideal pursuit of nobility was that of an interdisciplinary intellectual who sought harmony between scholarship and art. They studied liberal arts, including history, philosophy, and literature as essential subjects and appreciated poong-ryu by acquiring the arts of poetry, calligraphy, and painting as necessary electives.

Poong-ryu is associated with the idea of having a boundless free spirit, delighting in the vitality of nature, and not being afraid to show one's unique and interesting style. However, what many do not realize is that the concept also includes a state of openness that cannot be specified and the simple, sensual pleasure that brings joy. Cho Ji-hoon, poet of the poem "The Dance of the Buddhist Nun," once said, "Style, for Koreans, can be found in optimistic sentiment of tolerance that converges disparities, and in the sense of harmony that transcends contradictory ambivalence." Like his words, the style unique to Korea is not a standardized concept but something that exists in context with the poong-ryu spirit, which is connected to nature's vitality and tolerance.

Ginyeo (entertainers and courtesans) were important companions in the poong-ryu culture. Top-tier ginyeo were multidisciplinary artists who recited scriptures by heart and stood at the pinnacle of poetry, paintings, calligraphy, singing, and dancing. Their glamorous Hanbok attire from banquets served as prototype models for honorable noble wives. It was unconventional for the lower-class' trends to go upstream in a Confucianism-based society. As a result, the one-to-one proportion of *jeogori* to *chima* in early Joseon changed into shortened *jeogori* and *chima* that highlighted curvaceousness and rhythmic aesthetics, as seen in Shin Yun-bok's "Portrait of a Beauty." Unfortunately, the spiritual nature of poong-ryu faded with time and it was transformed into something purely secular. The hedonistic mood became the pretext of sensuality in women's wear. It is not difficult to spot women wearing somewhat risqué attire–jeogori shortened to nearly expose the bosom, with narrow sleeves highlighting the feminine curves, and flouncy chima in sheer fabric accentuating buttocks and showing the silhouette of underpants–in conversational painting pieces of the period.

자유로운 정신이 낳은 풍류와 파격

삼국시대부터 면면이 이어온 풍류 정신은 조선 후기 여인 한복의 파격미로 발현된다.

바람 '풍風'자와 물 흐름 '유流'자를 합친 풍류風流는 신라의 화랑도에서 언급될 정도로 유래가 깊다.
「삼국사기三國史記」 진흥왕조에 화랑제도의 설치에 관한 글 가운데 풍류라는 말이 나온다.
최치원崔致遠이 쓴 「난랑비서문鸞郎碑序文」을 인용한 것으로 다음과 같이 기술되어 있다.

"나라에 현묘한 도道가 있으니 이를 풍류라 한다. 이 교敎를 베푼 근원에 대하여는 「선사仙史」에 상세히
실려 있거니와, 실로 이는 삼교三敎를 내포한 것으로 모든 생명과 접촉하면 이들을 감화시킨다."

화랑花郎은 가무를 즐기고, 자연 속에서 호연지기浩然之氣를 길렀다. 풍류는 아욕我慾에 찬 자신을
버리고 우주의 법도를 따라 본성으로 돌아가는 데 있으며, 이런 풍류를 몸에 지닌 사람이
바로 화랑이다. 화랑은 널리 사람들을 유익하게 한다. 이런 풍류 정신은 고려와 조선시대까지
이어져 지배계층 문화양식의 뿌리가 되었다. 특히 한국화된 성리학을 지배 규범으로 삼았던
조선 후기 지배층인 사대부들은 학문과 예술의 일치를 추구한 융복합적 지식인을 지향했다.
이들은 역사 · 철학 · 문학 등 인문학을 바탕으로 이성을 훈련하고, 더불어 자연을 벗하며 시詩, 서書,
회畵를 필수 교양으로 연마함으로써 풍류를 즐길 줄 알아야 했다. 이처럼 학문적 성취와 예술적
감각을 키우는 것은 이성과 감성이 균형을 이룰 때 완벽한 인격이 완성된다고 생각했기 때문이다.

풍류는 깊숙이 들여다보면 좀 더 많은 뜻을 내포하고 있다. 시대에 따라 흥과 한을 넘어 어디에도
얽매이지 않는 무심의 마음을 일컫는 상위 개념이며, 단순한 즐거움을 가져다주는 쾌락을 지칭하는
변용의 개념이기도 했다. 「승무僧舞」의 시인 조지훈趙芝薰, 1920~1968은 "한국인의 멋은 이질적인 것을
융합하는 포용력을 지닌 긍정적 정서와 모순된 양면성을 초월하고 조화를 이룸에서 발견된다."고
했다. 그의 말처럼 한국 고유의 '멋'은 정형화된 개념이라기보다 자연의 생명력, 포용력과 깊게
연관된 풍류 기질과 맥락을 같이한다.

사대부들의 풍류 생활에 중요한 동반자 역할을 한 대상은 기녀들이었다. 일품 기녀들은 그들과
대화를 위해 경전을 줄줄 외우고 시문 · 서화 · 가무에서 예술의 절정에 오른 종합 예술인이었다.
기녀들이 각종 연회에서 멋지게 입은 한복의 차림새는 점잖은 사대부 부인들의 모델이 되었다.
유교 사회에서는 매우 이례적으로 하위계층의 유행이 상위계층으로 번져가는 유행의 상향 전파
현상이 나타나며 조선 후기 여인 한복에서 풍류와 파격미가 새로운 트렌드로 발전하는 데 결정적
역할을 했다. 저고리와 치마의 비례가 1:1이었던 조선 전기에 비해 신윤복申潤福, 1758~1814 추정의
「미인도美人圖」에서 보이듯이 저고리 길이가 짧아지고, 치마의 곡선미와 율동미가 강조되며 매우
아름다운 실루엣과 상하의 적절한 비례를 이루었다.

그러나 시간이 흐를수록 풍류 본연의 의미가 퇴색해 세속적인 풍류로 변모하는 과정을 거쳤다.
피상적인 향락 분위기가 조장되고 특히 여인복에서 풍류를 빙자한 관능적인 특징이 도드라졌다.
저고리 길이가 극도로 짧아져 가슴 위로 올라오고 소매통이 좁아 살이 미어질 것 같은 단소한
저고리와 엉덩이를 강조한 풍성한 치마. 비치는 옷감을 사용하여 속바지가 다 보이는 파격의
모습을 풍속화를 통해 확인할 수 있다.

「미인도」와 18세기 여인 의복

"A Beautiful Woman" by Shin Yun-bok and
women's clothing from the 18th century

간송미술관에 소장된 신윤복의 「미인도」는 조선시대 미인도
가운데 최고의 걸작으로 꼽힌다. 부드럽고 섬세한 표현으로
아름다운 여인의 자태를 묘사하였고 은은하고 격조 있는
색감으로 처리하였다. 부분적으로 가해진 채색은 정적인 여인의
자세와 대비되어 화면에 생동감을 부여한다. 여인의 전신상을
그린 미인도는 신윤복 이전에는 남아 있는 예가 거의 없다.
그러므로 이 작품은 19세기 미인도 제작에 있어 전형을 제시했다는
점에서 미술사적 의의가 크다. 작품은 18세기 말 조선 후기에
유행한 의복을 잘 보여준다. 가슴까지 올라오는 짧은 길이에
소매통이 좁은 삼회장저고리를 입고 부풀린 치마를 입어
하후상박下厚上薄의 복식미를 나타내며 여인의 멋스러운 모습을
잘 묘사했다. 연옥색 끝동이 달린 옅은 미색 저고리는 단조로울
수 있으나 짙은 자주색 삼회장과 홍색 속고름이 파격의 미를
준다. 고름에 단 삼천주三天珠 노리개가 멋스러움을 한층 더한다.

조선 후기 초상화가인 채용신蔡龍臣, 1850~1941이 그린
「팔도미인도八道美人圖」는 서울, 경기도 화성, 경상남도 진주,
전라남도 장성, 충청북도 청주, 강원도 강릉, 평안남도 평양,
함경남도 정평의 대표 미인을 그린 작품이다. 전신상이
사실적으로 묘사되어 있어 20세기에 유행한 고전적 미인도의
대표작으로 꼽히며, 당시 유행한 의복의 색감도 생생하게
볼 수 있다.

아래
「팔도미인도八道美人圖」
채용신蔡龍臣, 1850~1941, 20세기 추정, 송암문화재단 OCI 미술관 소장

오른쪽
「미인도美人圖」
신윤복申潤福, 1758~1814 추정, 18세기 말~19세기 초, 간송미술관 소장

盤礴胸中萬化春
筆端能與物傳神
蕙園

18세기에 접어들면서 저고리 길이는 매우 짧아지고 품과 소매통은 좁아지는 단소화 현상을 보인다. 깃은 깎은 당코깃이며 옷고름 또한 짧고 좁아진다. 이 시기의 저고리는 충북대학교박물관 소장의 청송 심씨(몰년 1718년), 경기도박물관 소장의 안동 권씨(몰년 1722년), 단국대학교 석주선기념박물관 소장의 파평 윤씨(몰년 1754년), 백담사 목조아미타불 복장 저고리(1748년) 등의 유물에서 형태를 확인할 수 있다. 이 시기의 독특한 저고리 형태는 문헌에도 나오는데 영조 때의 실학자 이덕무李德懋, 1741~1793는 「청장관전서靑莊館全書」에서 "지금의 의복이 상의는 매우 짧고 좁으며 하상은 매우 길고 넓으니 요상하다."라고 했다.

신윤복 「미인도」의 모습을 재현하여 조선시대 18세기 여인 의복을 제작했다. 몸에 밀착되는 짧은 저고리와 치마는 모두 고운 모시로 지었다. 저고리는 특히 매우 고운 모시로 할머니들이 장롱에 보관하던 옛날 모시를 구해 깨끗하게 수세하고 정련하여 염색한 후 곱게 다듬질하여 옛날 옷감의 느낌을 그대로 살리고자 했다. 깃·고름·곁마기에는 짙은 자주색 모시를 대고, 끝동에는 연옥색 모시를 댄 삼회장저고리 형식으로 마감했으며, 안고름은 홍색 자미사로 제작해 자연스럽게 늘어뜨렸다. 봉제는 전통 방식인 깨끼바느질로 처리해 깔끔한 솔기선을 완성했다. 치마는 저고리와 같은 모시를 쪽빛으로 염색하여 다듬질한 후 11폭을 이어 지은 홑모시치마이다. 「미인도」 속 여인의 하후상박下厚上薄 실루엣을 연출하기 위해 모시 치마 안에 모시로 제작한 3족 무지기치마를 포함한 속옷 일습을 갖추어 입었다.

18세기 여인 의복 | 모시, 이경선, 2016

풍속화에 담긴 파격적인 무족이

"Night Walk of Men and Women" and
Mujogi full-length skirt

여인의 바지는 삼국시대부터 고려까지 겉옷으로 착용하다가
조선시대에 속옷으로 정착했다. 치마 아래로 여러 겹의
속옷을 덧입어 풍성하고 우아한 실루엣을 만들었으며, 계절에
맞춰 소재와 바느질 기법을 달리하여 더위와 추위를 견디는
지혜도 담았다. 속옷임에도 불구하고 계절에 따라 고운 모시나
질 좋은 견직물을 사용했고, 바지통이 넓은 것과 좁은 것,
가랑이 사이로 무가 있는 것과 없는 것, 가랑이에 트임이 있는
것과 없는 것, 몸통의 일부를 도려낸 것 등 창의적이고 파격적인
디자인이 많았다.

무족이無足衣는 무족無足, 무족상無足裳이라고도 하며, 일반적으로는
3층, 5층, 7층으로 겹쳐 만든 무지기치마를 일컫는다. 모시
12폭을 가지고 만들었으며, 나이 든 사람은 한 가지 색으로
층층이 물들이고, 젊은 사람은 층층마다 갖가지 색으로 물들여
입었다. 조선시대 풍속화에서는 여인들이 걷어 올린 치맛자락
아래로 무지기치마와 유사하나 바지 형태로 된 속옷이 묘사되어
있다. 여러 겹으로 층진 바짓부리는 활동성을 더해줄 뿐 아니라,
겉치마를 받쳐 풍성한 실루엣을 연출하는 역할도 했다.

무족이는 현존하는 유물이 없기 때문에 성협의「풍속화첩風俗畫帖」중
「노상풍정路上風情」과 신윤복의「노중상봉路中相逢」에 묘사된 모습을
참조하여 작품을 완성했다. 모시를 사용해 통이 넓은 바지를 다섯
겹으로 제작하였다. 각 층마다 바지폭의 너비를 달리하여
자연스럽게 너울지게 함으로써 입체적이고 풍성한 실루엣을
구현하였다.

「노상풍정 路上風情」 성협成俠, 생몰 미상, 19세기 추정, 국립중앙박물관 소장

18세기 여인 의복 | 모시, 이경선, 2019

「야금모행」과 한겨울의 여인

"A Secret Night Trip" by Shin Yun-bok and
provocative women's clothing

신윤복의 「야금모행夜禁冒行」 속 여인은 솜누비바지에 솜저고리
차림이다. 저고리는 안에 모피를 대었고, 따뜻한 털 토수吐手를
끼고 있다. 이처럼 방한을 하면서도 걷어 올린 치마 아래로
솜누비바지를 보이게 입어 치마 실루엣을 완성하는 파격적인
미적 취향을 엿볼 수 있다.

회화 작품을 참조하여 18세기 한겨울 여인의 의복을 제작했다.
저고리와 토시는 무늬가 있는 단으로 겉감을 하고 안쪽에
양털을 대어 만들었다. 치마는 수직 명주를 쪽빛으로 염색하여

제작하고 안에는 소색素色 명주를 대었다. 명주 누비바지는
겉감에 작은 꽃무늬가 있는 문주를 사용하고 안감에는 명주를
대고 솜을 두어 누볐다. 바짓부리 쪽은 0.4cm, 위쪽은 1.5cm
간격으로 누벼 치마를 걷어 올렸을 때 고운 누비가 보이도록
했다. 화첩에 나타난 여인의 느낌과 최대한 가깝게 표현하기
위해 치마에 볼륨감을 살려 허리끈을 묶어 연출했다.

18세기 여인 의복 | 견, 김정아, 2016

중첩의 예술, 여인 속옷

The art of layering in women's underwear

조선 후기 한복은 상의인 가슴띠, 속적삼, 하의인 다리속곳,
속속곳, 속바지, 단속곳, 너른바지, 무지기, 대슘치마 순서로
여러 단계의 속옷을 입고 또 입었다. 이처럼 보이지 않는 곳까지
여러 겹을 겹쳐 입어 풍성하고도 아름답게 옷맵시를 살리고
품격을 드러냈으며, 계절에 맞춰 소재와 바느질 기법을
달리함으로써 더위와 추위를 이겨내는 지혜를 담았다.

속옷임에도 불구하고 계절에 따라 고운 모시나 질 좋은 견직물을
대부분 사용했다. 형태는 바지통이 넓은 것, 바짓부리로 갈수록
통이 좁아지는 것, 가랑이 사이에 다양한 조형의 무가 달린 것,
뒤에 여밈을 주어 밑을 터놓은 것, 밑을 막고 옆트임을 한 것,

몸통의 일부를 도려내 통풍이 잘 되게 한 것 등 창의적이고
파격적인 디자인이 많았다. 이런 속옷에서 검소와 절제를
중시하는 유교 문화 이면에 화려함에 대한 갈망이 고조된
이중성이 느껴진다.

유물을 참조하여 속옷 작품을 제작했다. 겨울용 솜누비바지는
경운박물관 소장 누비 바지를 바탕으로 겉감은 염색 장인이
생쪽으로 염색한 명주, 안감은 옥양목을 사용했고, 겉감과 안감
사이에 솜을 두고 누비 장인이 손으로 곱게 누볐다.
살창고쟁이는 본태박물관 소장 유물을 바탕으로 모시를 염색하고
여러 차례 다듬이질을 반복함으로써 실크처럼 고운 느낌을 냈다.

왼쪽
솜누비바지 | 견, 목화, 유선희, 2019

오른쪽
살창고쟁이 | 모시, 이경선, 2019

너른바지 | 견, 정은미, 2019

여인의 속옷 일습은 절제와 파격을 아우르는 중첩의 미학을
드러낸다. 무명 요대, 생고사 홑적삼, 무명 다리속곳, 은조사
속속곳, 은조사 홑바지, 은조사 단속곳, 은조사 너른바지,
은조사 무지기, 은조사 대슘치마의 순서로 제작했다.
속옷 중 가장 겉에 입는 대슘치마는 치맛단에 한지 여러 겹을
붙여 풀을 발라 빳빳하게 만든 백비단을 모시로 싸서 아랫단을
퍼지게 했다. 속옷 일습은 겹쳐 입었을 때 보다 풍성해지는
한복의 미학을 드러내며 한복의 새로운 가능성을 발견하게 한다.
무지기는 이화여자대학교 담인복식미술관 유물을 참고하여
제작하였다.

무지기 | 모시, 이경선, 2025

속옷 일습 | 견, 정은미, 2017

속옷 일습 | 구은진 그림

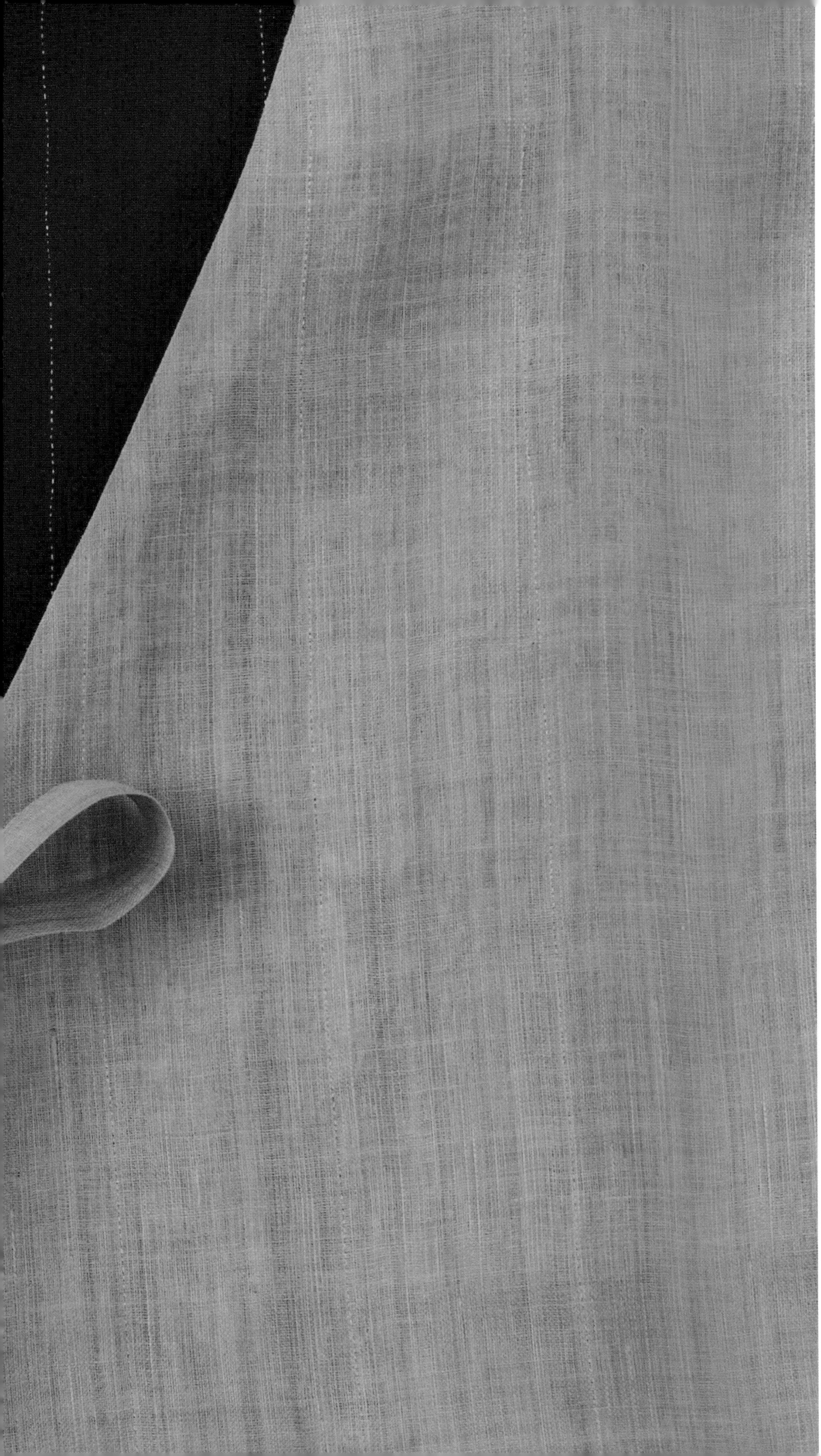

비움과 단순

EMPTYING AND SIMPLICITY

옷

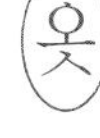

Aesthetics of clarity and quiet freshness

Influenced by Western pragmatism, introduced with Christianity during the Joseon Enlightenment period^{Late 19th century}, the aesthetics of simplicity began to affect Hanbok designs. Simplicity became a new characteristic of Hanbok, combined with the beauty of moderation influenced by Confucianism.

Joseon first experienced practical costume culture through Western diplomats, missionaries, and travelers when it opened its ports to foreign trade in 1876. This sparked discussions on costume system reform. Emperor Gojong simplified the complicated official uniforms through three stages of reforms—the Gapsin Costume Reform in 1884, the Eulmi Costume Reform in 1894, and the Gabo Costume Reform in 1895. Daily-worn *dopo* and *chang-ui*, characterized by its wide sleeves, were replaced by narrow-sleeved and simpler *duru-magi*, a type of coat. New types of practical Hanbok pieces, such as *magoja* (over-jacket), *jok-kki* (vest), and *jeok-sam* (summer jacket or undershirt), also emerged. People shed the formal adornments and unnecessary embellishments that had once been required by social status when wearing Hanbok. Instead, they sought the subtle beauty of moderation and simplicity, finding comfort in minimalism, clarity, and lightness.

Women's wardrobes also underwent changes. Modern women began to wear longer *jeogori* and *tong-chima* (tubular-shaped skirt) with shoulder straps, which provided better functionality and mobility. *Jang-ot* (women's veil) and *sseu-gae-chima* (women's veil), traditionally used to cover the face when going out, were replaced by women's duru-magi as an outer garment. The women of the time also wore *magoja* and *jok-kki*, adopting elements of men's attire.

The beauty of modesty was reflected in the use of colors as well. *So-saek* (natural white or antique white), the pure color found in ramie, hemp, silkworm cocoons, and cotton textiles, became such an obsession that Koreans were dubbed the *Baek-ui-min-jok*, meaning "the white-clad people." Plain ramie, hemp, cotton, or silk fabric was preferred over colorful *yangdan* (silk satin damask) with patterns, and fabrics that gave a clean, refreshing, and translucent feel were favored over heavy fabrics. On the other hand, in the world of commoners, the beauty of simplicity was found in jeogori made of thick hemp and cotton threads that emphasized its materiality. Unnecessary adornments were stripped away to emphasize the authentic beauty of natural materials, and Hanbok now emanated simplicity, modesty, and rustic elegance, much like the moon jar of Joseon. So-saek left a great impression on the foreigners who visited during the Joseon Enlightenment Period. A French artist Joseph de La Nezière¹⁸⁷³⁻¹⁹⁴⁴, said upon his visit to Joseon, "White is the color of Joseon. In their unique wardrobes, you will encounter a wide spectrum of natural whites, from the vibrant white of white jade to coarse and unsophisticated white. The harmony of different white colors you meet in the streets of Joseon is nothing less than a feast of white." The way Koreans used the color white was viewed as fascinating art to the eyes of this foreigner.

맑고 시원한 소쇄의 미학

개화기에는 기독교와 함께 유입된 서양 문물의 실용 정신이 한복에도 영향을 미쳐 단순미라는
새로운 미학이 더해졌다. 이는 기존의 유교적 절제미와 어우러져 한복의 미적 특징을 더욱
풍성하게 만들었다. 조선은 1876년 개항을 계기로 복식 개혁을 논의했고, 고종황제는 갑신 · 을미 ·
갑오년의 의제개혁을 통해 복잡한 관복을 간소화했다. 도포나 창의 대신 두루마기가 일상복으로
자리 잡고, 마고자 · 조끼 · 적삼 등 새로운 한복도 등장했다.

이러한 변화는 외형의 간결함 속에 내면의 여유를 품었고, 기교를 넘은 '무기교의 기교'로 해석되며
자연의 조화 속에서 새로운 미를 추구하게 되었다. 옷을 지을 때 구태여 인위적인 것을 가하지
않아도 자연 그 자체가 스스로 발현하면서 편안하고 가치 있는 것을 얻는다는 무작위성을 선호한
결과다. 사람들은 신분에 따른 형식이나 불필요한 장식을 걷어내고, 오직 텅 비어 있으면서 맑고
시원한 경지에서 편안함을 느끼고 절제와 비움의 소박한 모습에서 아름다움을 취하였다.

여성의 옷차림에도 변화가 있었다. 우선 신여성을 중심으로 기능성과 활동성을 강조해 저고리
길이가 길어지고 어깨끈이 달린 통치마가 등장했다. 외출할 때 얼굴을 가리던 장옷과 쓰개치마를
벗어버리고 겉옷의 개념으로 여성의 두루마기 착용이 일반화되었다. 이 시기의 여성들은 남성의
패션을 따라 마고자와 조끼도 입었다. 19세기 말, 두 차례 조선을 다녀간 영국의 탐험가이자
화가 아놀드 새비지-랜도어^{Arnold H. Savage-Landor, 1865~1924}는 저서 「고요한 아침의 나라 조선 Corea, The
Land of the Morning Calm」을 통해 "한국 여인은 청순하고 자연스러운 매력이 있다. 비너스의
곡선미조차 한국 여인이 입고 있는 한복의 아름다움을 따라가지 못한다."고 극찬했다.

색상의 사용에서도 소박한 매력이 빛을 발했다. 특히, '백의민족'이라 불릴 정도로 자연이
준 색상 – 모시풀 · 삼 · 누에고치 · 목화솜이 엮어내는 섬유 본연의 빛깔인 소색素色 – 에 집착했다.
옷감도 무늬가 있는 유채색의 양단보다는 무늬가 없는 모시 · 삼베 · 무명 · 명주와 같은 소박한
옷감을, 불투명한 옷감보다는 맑고 시원한 '소쇄'의 기운을 느낄 수 있는 투명한 질감을 선호했다.
올실의 생성감을 그대로 표현하는 굵은 삼베와 무명으로 만든 저고리의 질박함도
찾아볼 수 있었다. 한복은 마치 조선의 달항아리와 같이 간결하고 소박하면서도 고졸한 기운을
뿜어냈다. 소색은 개화기 조선을 방문했던 많은 외국인에게 각별한 인상을 남겼다. 고종의
초상을 그렸던 프랑스 화가 조세프 드 라 네지에르^{Joseph de La Neziere, 1873~1944}는 다음과 같이 말했다.
"흰색은 한국의 색이다. 조선의 고유한 의상에는 생동감 넘치는 백옥 같은 흰색부터 거칠고
투박한 흰색에 이르기까지 다양한 하얀 자연색을 만나게 된다. 조선의 거리 어디에서나 볼
수 있는 다양한 하얀 옷 물결이 만들어내는 하모니는 마치 색의 향연 그 자체인 것이다."
이방인의 눈에 비친 한국인의 흰색은 단순한 옷이 아닌 하나의 근사한 예술품이었던 것이다.

개화기의 급작스럽고 피동적인 외부 환경의 변화에서 비롯된 의복 변혁에도 불구하고 한복이
아름답게 변모할 수 있었던 것은 오랜 세월 쌓아온 미적 체험과 조형 감각 덕분이었다.
우리 민족은 자연을 사랑하며, 자연 속에서 살아남는 강인함을 지녔다. 일제강점기의 아픔과 한을
삭이고 자연의 생명력을 통해 이를 승화시키는 힘이 있었고, 그 속에서 인위성을 넘은 고졸한
미의식이 발현되었다. 이처럼 소박함과 질박함, 단순함은 한복의 본질적 미로 자리 잡게 되었다.

정갈한 속적삼

Demure *Sokjeoksam* undershirt

속적삼은 홑으로 만든 저고리로, 저고리 안에 받쳐 입어
땀이 배지 않도록 하는 속옷이다. 저고리보다 안에 입어
속적삼이 직접적으로 살에 닿아 땀이 배어들기 때문에
'땀받이적삼'이라고도 부른다. 조선시대의 궁궐이나 양반가의
부녀자들은 아무리 날씨가 무더워도 꼭 속적삼을 입었다.
속적삼과 함께 겨울에 속적삼 위에 입는 저고리인 속저고리와
겉저고리까지 입으면 이를 삼작三作을 모두 입었다고 하여
삼작저고리라고 불렀다.

경운박물관에 소장된 20세기 전후의 개량된 여인 속적삼
유물을 재현했다. 투명한 은조사로 만든 홑적삼으로 깃과
섶이 없고 앞여밈에 무늬가 있는 생고사로 선단을 대었으며,
천도 모양의 자만옥 단추를 달았다.

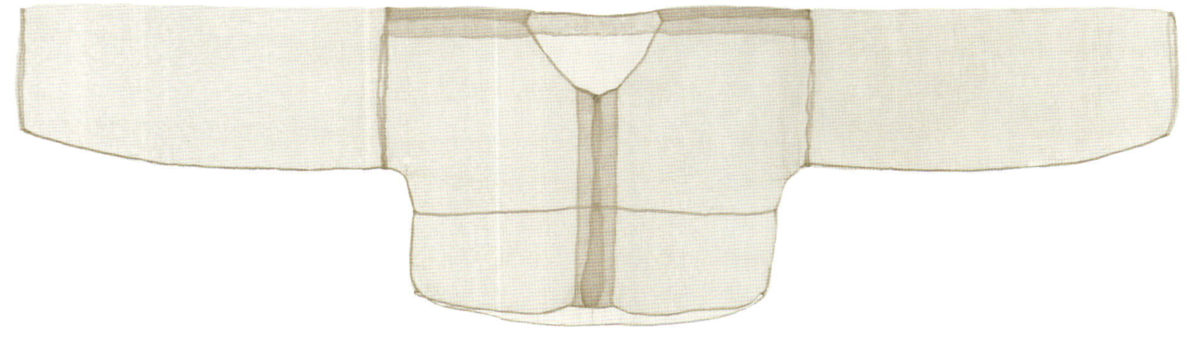

위
여자 속적삼 1920년대. 경운박물관 소장

아래
남자 속적삼 1940년대. 경운박물관 소장

여자 속적삼 | 견, 이경선, 2023

"흰색은 한국의 색이다. 조선의 고유한 의상에는 생동감 넘치는
백옥 같은 흰색부터 거칠고 투박한 흰색에 이르기까지 다양한
하얀 자연색을 만나게 된다. 조선의 거리 어디에서나 볼 수 있는
다양한 하얀 옷 물결이 만들어내는 하모니는 마치 색의 향연
그 자체인 것이다."

— 프랑스 화가 조세프 드 라 네지에르Joseph de La Neziere, 1873~1944

20세기 저고리의 변화

The transformation of *Jeogori*

저고리는 삼국시대에 엉덩이를 덮는 길이에서 시작해
점점 짧아지는 경향을 보이며 조선 말기에 이르면 저고리
길이가 20㎝ 정도로 가슴을 가릴 수 없을 만큼 짧아진다.
저고리가 짧아짐에 따라 품, 소매통 등이 작아졌다.

이 작품은 경운박물관에 소장된 1910년 저고리를 재현했다.
겉감은 능무늬의 교직 옷감으로 경사는 견사, 위사는 당시의
신소재인 레이온사로 제작한 후 살짝 분홍빛이 도는
연분홍색으로 염색하여 사용했다. 안감은 얇은 목아사를 넣었다.
20세기 초 저고리의 형태를 잘 보여주고, 진한 쪽색의 안고름이
단순함의 미학을 극대화하고 있다.

1910년 여인 저고리 | 견, 면, 이경선, 2023

1930~1940년대 실용 정신을 강조한 서양 문물이 유입되면서
저고리의 길이가 다시 길어지기 시작한다. 이 시기 저고리
구조는 매우 단순하다. 두드러진 장식이 없고 소박함에도
불구하고 고름이나 끝동에 다른 색으로 파격의 미를 주어
결코 지루하지 않다. 한복의 변화는 옷감 소재에도 적용됐다.
주로 면, 마, 견직물을 사용하다가 양장지로 저고리와 치마를
만들었고 모직물과 인견 등 수입 직물을 즐겨 사용했다.

경운박물관에 소장된 1940년대 저고리를 재현했다.
은은한 옥색 모본단에 홍색 고름을 달고 남색으로 끝동을
대어 간결하면서도 시선을 끈다.

1940년 여인 저고리 | 견, 면, 장정윤, 2017

19세기 여인 의복 | 견, 정은미, 2016

조선시대 여인 사진 1894~1895 추정

강하고 담백한 기운의
치마저고리

Chima-jeogori with quiet
dignity and authenticity

조선 말기에 유행했던 상박하후上薄下厚 차림새의 전형적인
멋을 느낄 수 있는 사진 속 여인의 치마저고리를 재현했다.
짧은 소색의 저고리와 먹색 치마가 보이는 흑백 대비에서
강하고 담백한 기운을 뿜어낸다. 반면에 짧은 모시 저고리 아래로
살짝 보이는 치맛말기와 잠자리 날개같이 얇고 투명한 은조사
치마, 그 속으로 겹겹이 비치는 하얀 속옷에서 이어지는
버선발까지, 구태여 인위적인 장식을 하지 않아도 그 자체에서
여인의 강인한 기품과 멋을 느낄 수 있다. 19세기 말 조선을
다녀간 영국의 화가 아놀드 새비지-랜도어Arnold H. Savage-Landor가
한국 여인을 설명한 글이 이런 모습을 보고 쓴 것일까?
"고대 로마 조각에 나타난 아름다움은 볼 만큼 보았지만,
한국 여인의 의상에 비하면 그 아름다움은 비교가 되지 않는다."

반가 여인의 예복

Graceful *Chima-jeogori*

경운박물관에 소장되어 있는 1900년 무렵에 궁에서 입었던
치마 유물을 재현했다. 조선 말기에 유행했던 사직물의
한 종류인 갑사 바닥에 도라지꽃 무늬를 커다란 원형으로
도안하여 제작했다. 개화기 의복 간소화의 경향으로 당의 대신
예복으로 입었던 남색 치마와 소색 저고리 일습에서 반가 부인의
격조 있는 기품을 느낄 수 있다.

개화기 여인 의복 | 견, 모시, 이경선, 2015

두루마기 일습 | 견, 이경선, 2017

개화기 여인 사진 1900년대

방한용 여인 의복

A suit of Duru-magi

1884년(고종 21) 갑신의제개혁을 통해 소매가 넓은 포가
금지되면서 남자의 두루마기 착용이 보편화되었고 개화기
이후에는 남성과 여성이 모두 두루마기를 착용했다.
두루마기는 계절에 따라 소재를 달리했는데 여름에는 얇은
소재를 사용해 홑으로 만든 두루마기를, 봄가을에는
겹두루마기를. 겨울철에는 솜두루마기나 누비두루마기,
갓두루마기를 입었다.

1900년대 여인의 흑백사진을 참고해 두루마기 일습을 제작했다.
두루마기는 겉감과 안감에 모두 다듬이질한 명주를 사용하고
겉감과 안감 사이에는 목화솜을 대었다. 두루마기 안에
흰색 명주로 겹저고리를 제작하였다. 방한용구로 머리에는
모본단 남바위를 썼으며, 소매에는 모피를 댄 화문단 털토시를
더해 찬바람이 들지 않도록 단단히 채비한 여인의 외출복
차림을 연출했다.

소색의 단순한 아름다움

Unassuming beauty of *So-saek*

개화기에는 소매통이 넓은 도포, 창의 같은 전통 겉옷 대신,
저고리 위에 간편한 마고자와 서양식 조끼를 입는 새로운
형태의 한복이 등장했다.

1930년대 남자 적삼을 다듬질한 모시와 깨끼바느질로 완성했다.
깨끼바느질은 얇고 투명한 옷감으로 옷을 지을 때 이용하는
바느질 방법이다. 모본사로 제작한 1950년대 저고리는 배래와
도련의 시접을 잘라내지 않고 그대로 접어 넣어 제작한 것이
특징이다. 과거에는 저고리의 봉제선을 뜯어 세탁하고 다시
재봉했는데 이때 곡선인 배래와 도련의 시접을 잘라내면 다시
만들어 입을 수 없으므로 시접을 잘라내지 않았으며 시접의
비침까지도 디자인으로 확장하였다. 남자 조끼는 온지음이
소장하고 있는 1930년대 초 유물을 삼베로 재현했다. 양옆으로
두 개의 큰 주머니와 왼쪽 가슴에 작은 주머니가 달려 있으며
앞을 다섯 개의 단추로 여민다. 작품에 사용된 단추는 이인진
작가가 제작했다.

위
1930년대 남자 적삼 | 모시, 이경선, 2023

1930년대 남자 조끼 | 삼베, 이경선, 2023

1950년대 여자 저고리 | 견, 이경선, 2023

새로운 한복, 영친왕 마고자

King Yeongchin's *Magoja*, a new generation of Hanbok

개화기의 한복은 신분과 격식에 따라 다양한 종류의 옷을
입었던 절차를 모두 없애고 바지, 저고리, 마고자, 두루마기 등
간편하게 입을 수 있는 스타일이 등장했다. 마고자는 새로운
시대, 새로운 한복의 등장을 상징한다. 마고자는 개화기에
저고리 위에 조끼와 함께 입는 덧옷으로 남성과 여성이 두루
입었다. 깃과 고름이 없고 두 개의 단추로 편리하게 여미는
것이 특징이다. 금 · 옥 · 호박 등으로 단추를 장식하기도 한다.

국립고궁박물관에 소장된 영친왕의 석류 넝쿨무늬 마고자를
실견한 후 유물 크기로 재현한 작품이다. 유물과 같이 겉감과
안감 사이에 얇게 솜을 두어 만들었다. 작품에 사용한 원단은
유물의 석류 넝쿨무늬 양단을 현대직기로 제작한 것으로
은은하면서도 고고한 품격을 느낄 수 있다.

영친왕 마고자 | 견, 이경선, 2023

옥색 모시 두루마기

Duru-magi in jade green ramie fabric

두루마기는 우리 민족이 즐겨 입는 포袍로 한자로는 주의周衣라고
한다. 트임이 없이 두루 막혀 있다는 뜻에서 유래한 명칭이다.
1884년(고종 21) 갑신의제개혁을 통해 소매가 넓은 포의 착용이
금지되면서 남자의 두루마기 착용이 보편화되었다. 개화기
이후에는 남성과 여성이 모두 두루마기를 입었고 이는 새로운
한복의 등장을 상징한다. 두루마기는 계절에 따라 소재를
달리했는데 여름에는 모시와 같은 얇은 소재를 사용해 홑으로
만든 두루마기를 입었고 봄가을에는 겹두루마기, 겨울철에는
솜두루마기나 누비두루마기, 갖두루마기를 입었다.

옥색 모시 두루마기는 영친왕의 두루마기를 참조한 것으로 왕실의
단아한 기품을 느낄 수 있고 현대인에게 잘 맞는 비례미를
보여준다. 다듬질한 옥색 모시를 겉감으로 하고 안감으로는
소색의 다듬질한 명주를 사용하여 모시 특유의 아름다움은
살리고 따뜻함을 더했다.

두루마기 | 모시, 명주, 이경선, 2015

오목누비 배자 | 견, 유선희, 2011

창의적인 배자

Creative *Baeja* women's sleeveless vest

배자褙子는 저고리 위에 덧입는 옷으로
삼국시대부터 조선시대에 이르기까지 이천여 년
동안 다채롭고 자유로운 형태로 이어져 왔다.
우리 선조들은 다양한 배자를 착용하며 미적
취향과 개성을 표현해 왔다. 특히 조선시대에는
신분이나 격식에 따라 옷감이나 색상에 제약을
받는 다른 옷들과 달리 배자는 집안에서 한겨울
한옥의 외풍을 피하거나 더위에 몸을 가리는
간편한 목적으로 입었기 때문에 옷 짓는 사람의
미적 취향을 충분히 발휘할 수 있는 창의적인
디자인이 가능했다. 여러 유물을 보면 집안에
따라 차이를 보이며 실용미와 조형미가
공존한다. 배자는 구성이 단순하지만 안정된
비례에서 오는 품격의 멋, 간결한 디자인에서
오는 파격의 멋, 다양한 소재를 어우러지게
하는 조화의 멋, 곡선과 배색에서 오는 자연의
멋 등 현대적이며 감각적 요소가 매우 많다.

오목누비 배자는 국립민속박물관에 소장된
18세기 유물을 참조하여 제작했다. 겉감은
무늬가 없는 짙은 갈색의 능綾, 안감은 꽃무늬가
드문드문 있는 청록색 단緞 직물이다. 목둘레가
U자형이며 소매 진동이 둥글게 파인 것이
아니라 직선으로 되어 있는 것이 특징이다.
전시품은 솜을 두지 않았으며 겉감과 안감을
동시에 집어 2.5㎝ 간격의 오목누비 기법으로
제작해 입체적인 효과를 주었다.

모시 배자는 고려대학교박물관에 소장된 조선
후기의 남자 답호 유물의 윗부분을 참조하고
크기를 줄여 여인용으로 새롭게 재구성한
것이다. 겉감의 쪽빛 명주와 무늬 없는 먹색의
조화가 담백하다.

화문단 솜누비 배자는 단국대학교
석주선기념박물관에 소장된 18세기 파평
윤씨坡平尹氏, 1741~1759 출토 유물을 참고하여
여인용으로 제작했다. 묘의 출토 복식 10여 점
중 유일한 배자 유물로 남자 복식에서 흔히
나타나는 네모난 방령方領 깃에 동정이 달려 있고
앞은 매듭단추 두 개로 여미도록 되어 있다.
겉감은 황색의 화문단을, 안감은 명주를
사용하고, 명주솜을 두어 3㎝ 간격으로 누볐다.

위
모시 배자 | 모시, 유선희, 2011

아래
화문단 솜누비 배자 | 견, 유선희, 2011

TIMELESS HANBOK COLLECTION

온지음 옷공방은 한복의 고유한 아름다움을 계승하고, 현대적 소재와 기법을 접목해 한복의 확장
가능성을 탐색해 왔다.

온지음 옷공방은 LA에서 자신의 브랜드 '도사 dosa'를 이끄는 패션 디자이너 크리스티나 김과 함께
1900년 전후 한복의 특징인 은은하고 투명한 소색 옷감, 짧은 저고리, 무지기, 남성 배자와
등거리, 노리개, 조각보 등의 여러 요소를 감각적인 패션 언어로 현대 생활에 접목하기 쉬운
한복 컬렉션으로 재구성하였다. 이는 2023년 아름지기 기획전 〈블러링 바운더리 Blurring
Boundaries: 한복을 꺼내다〉를 통해 공개되어, 한복에 깃든 매력적인 미감을 일깨움과 동시에
손으로 만드는 수공예의 가치와 제로 웨이스트라는 오늘의 화두를 함께 성찰하게 했다.

한편 온지음 옷공방과 한국 · 프랑스를 기반으로 활동하는 컨템퍼러리 아트 & 디자인 스튜디오
'오마 스페이스 OMA Space'의 디자인 협업은 일상에 편안하게 입을 수 있는 한복의 가능성을 제안했다.
중심에는 고려시대 귀족이 애용했던 최고급 라羅 직물이 있었다. 1302년, 아미타불 복장물의
작은 천 조각을 단서로 온지음 옷공방에서 현대적 방법으로 제작하여 다시 숨을 얻은 고대 직물
라는 아방가르드한 디자인의 카디건, 볼레로, 재킷, 로브 등의 현대적인 아이템으로 새롭게
태어났다. 라 직물 특유의 유연함, 섬유 결 사이에 투영되는 은은한 빛의 흐름을 고스란히 담아낸
컬렉션은 2025년 특별전 〈라羅, 빛을 엮다 Ra, Weaving Light〉에서 공개됐다.

〈블러링 바운더리 Blurring Boundaries: 한복을 꺼내다〉展

〈라羅, 빛을 엮다 Ra, Weaving Light〉展

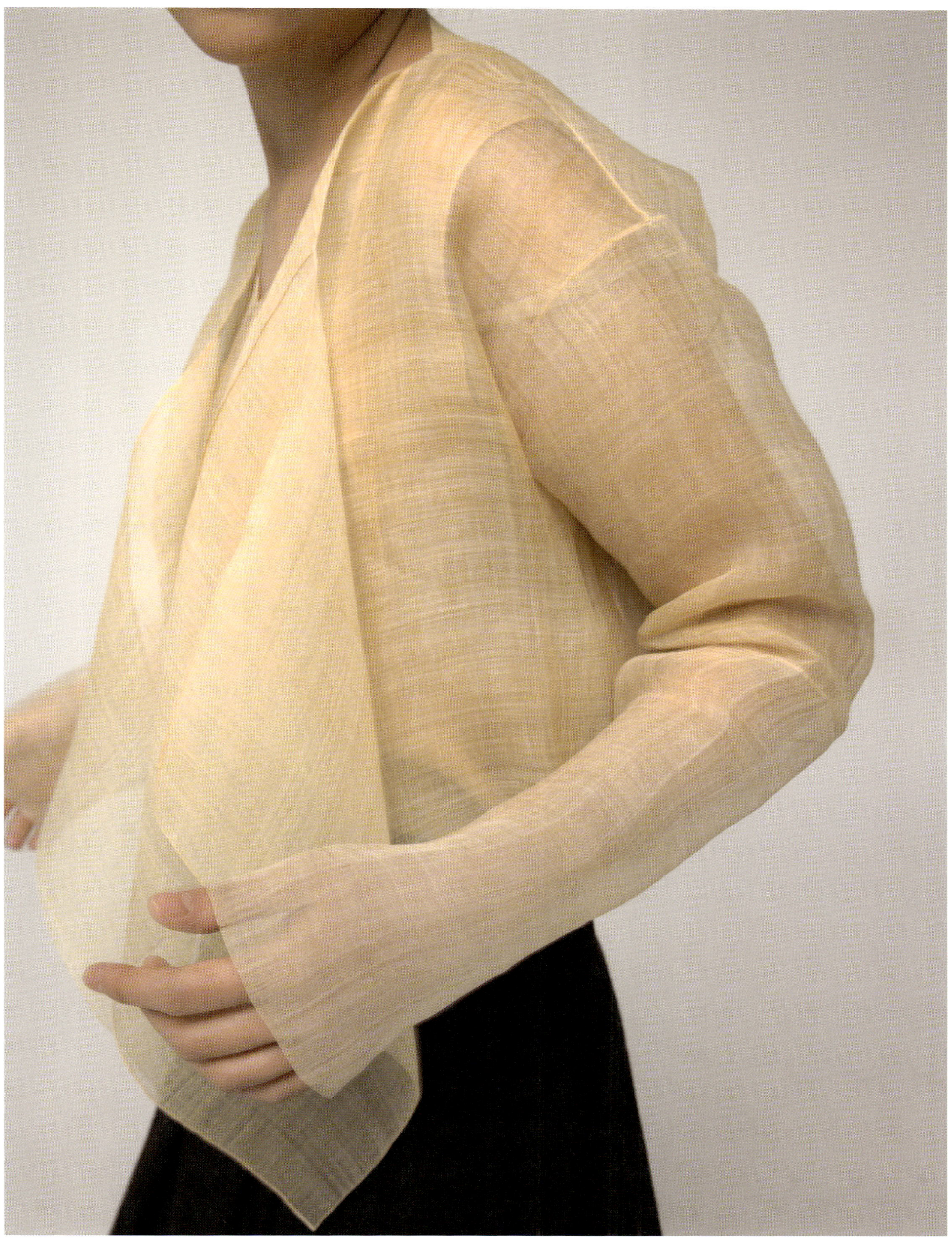

온지음 조효숙 옷공방 공방장

옷감에 대한 헌신

우리나라는 이미 고조선시대에 마직물과 견직물은 물론 모직물을 생산하는 기술을
갖추고 있었다. 동물 가죽의 가공 기술 또한 뛰어나 중국 제齊나라에서는 고조선의 특산물인
무늬가죽紋皮을 귀한 교역품으로 여겼다. 기원전 4세기에 건립된 부여에서는 외국에
나가거나 중요한 의례에 참석할 때, 무늬가 있는 고급 견직물인 증繒, 수繡, 금錦과 모직물인
계罽로 만든 옷을 갖춰 입었다. 지위가 높은 이들은 여우, 너구리, 담비의 가죽으로 만든
외투를 걸치고 금이나 은으로 장식한 모자를 썼다고 하니 부여 사람들의 수준 높은 의복
문화를 짐작할 수 있다. 유물도 이를 뒷받침한다. 고조선이 있었던 중국 길림성 성성초星哨
17호 유적지에서는 양털과 개털을 섞어 짠 평직平織의 모직물이 출토되었고, 부여가 있었던
길림성의 모아산帽兒山 유적지에는 고급 견직물인 중조직重組織의 금, 평직의 사와 견絹이
출토되었다. 이러한 고고학적 자료는 고조선시대부터 다양한 견직물과 모직물 생산이
가능하였음을 입증한다.

"부여 사람들은 나라 안에 있을 때의 의복은 흰색을 숭상하여,
흰 베로 만든 큰 소매 달린 도포와 바지를 입고 신발은 가죽신을 신는다.
외국에 나갈 때는 비단 옷과 수놓은 옷, 모직 옷을 즐겨 입고, 대인大人은
그 위에 여우 · 살쾡이 · 원숭이, 희거나 검은 담비 가죽으로 만든 갖옷을
입으며, 또 금 · 은으로 모자를 장식하였다."

– 진수陳壽. 233~297, 「삼국지三國志」

이토록 정교하고 품격 있는 옷감들을 우리 스스로 제작했을까? 3세기 중국 문헌인 「한원翰苑」
고구려조에는 "고구려에서 금錦을 짰으며 자지힐문금紫地纈文錦이 가장 좋고 다음이 오색금五色錦,
다음이 운포금雲布錦이다."라고 기록되어 있다. 이는 고구려가 금錦이라는 고급 무늬 비단을
독자적으로 제작할 수 있는 수준에 이르렀음을 보여준다. 또한 삼국시대의 생활상을 그린
「삼국사기三國史記」 권 33 잡지 색복조色服條에 다양한 직물이 기록되어 있는데 견, 마, 모, 면 등
오늘날 4대 천연섬유가 모두 포함되어 있다. 이 밖에도 백제 왕이 청색 금錦으로 만든 바지를

「삼국지三國志」
진수陳壽, 233~297

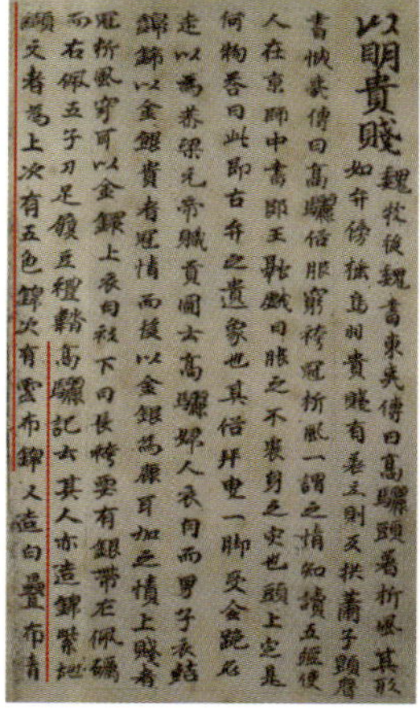

「한원翰苑 번이부蕃夷部」
장초금張楚金, 미상~689

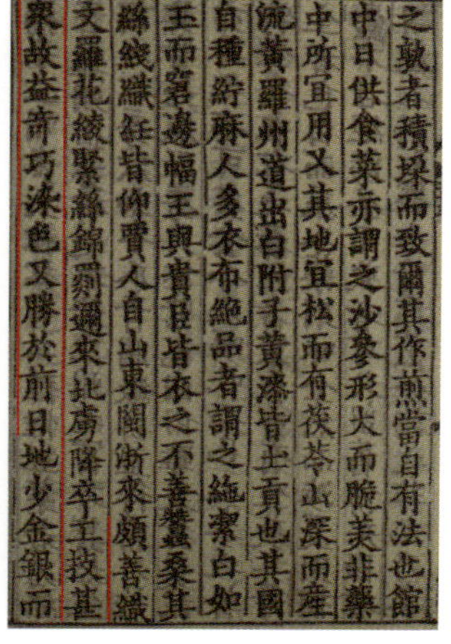

「고려도경高麗圖經」
서긍徐兢, 1091~1153

입었으며, 여러 종류의 능라綾羅 비단과 모시, 베는 물론 심지어는 고운 면직물인 30승
백첩포白疊布를 짰다는 기록도 있다. 모섬유 종류는 위사와 경사를 걸어 직조한 계罽를
비롯해 오늘날의 카펫과 유사한 전氈, 구유氍毹, 탑등毾㲪 등 다양한 직물명이 등장한다.

이처럼 세련된 고급 옷감은 한반도 내부에서만 소비되지 않고, 중국과 일본과의 교역을 통해
국제적인 가치를 인정받기도 했다. 특히 신라는 뛰어난 직물 생산 기술을 바탕으로 서문금瑞文錦,
대화어아금大花魚牙錦, 소화어아금小花魚牙錦, 조하금朝霞錦 등 고급 금 직물을 여러 차례 당나라에 보냈다.
일본에서 가장 오래된 정사正史인 「일본서기日本書紀」 권 14, 웅략왕雄略王 7년조에는 백제 장인
정안나定安那가 일본에 금직錦織 기술을 전수했다는 기록이 등장한다. 이는 '한금韓錦'이라 불리며
일본 직물 발전의 기반이 되기도 했다. 백제 성왕이 일본에 호금好錦 두 필과 탑등毾㲪 한 령領을
보내기도 한 것으로 보아, 그 무렵의 직물 기술은 한·중·일 간 문화 교류의 핵심 매개체로
기능했음을 짐작할 수 있다.

신라는 정교한 직물 생산을 위한 체계적 관청 조직을 갖추고 있었다. 옷감 종류에 따라 마전麻典,
조하방朝霞房, 기전綺典, 금전錦典, 모전毛典 등의 관청이 존재했고, 표전漂典, 염궁染宮, 염곡전染谷典,
찬염전攢染典, 홍전紅典, 소방전蘇芳典 등 세분화된 염색 전문 기관도 두었다. 통일신라 흥덕왕興德王, 777~836
834년에는 사치가 만연하고 복식 질서가 흐트러지자 신분에 따라 직물의 종류, 색상, 무늬 등을
규정하는 복식금제를 발표했다. 이를 통해 진골 귀족부터 5두품 남녀에 이르기까지 고급 견직물인
금, 라와 모직물인 계 등 고급 직물 사용이 엄격히 구분되었다. 이처럼 삼국시대부터
고려 이전까지의 직물 생산 및 사용에 대한 기록은 풍부하지만, 오늘날까지 온전한 형태로
남아 있는 실물 유물은 드물다. 중국 길림성의 고조선·부여 유적지에서는 금계錦罽의 직물 조각이
발견되었고, 신라 천마총과 백제 무령왕릉에서도 금錦, 능綾, 라羅, 수繡와 같은 옷감 조각이 다수
출토되어 당시의 화려했던 옷감을 짐작하게 하지만, 대부분 탄화되어 본래의 형태를 식별하기
어렵다. 다행히 일본 정창원正倉院에는 6~7세기경 백제와 신라에서 전해진 직물이 비교적 온전한
상태로 보존되어 있어, 고대 한반도 직물 문화의 수준을 간접적으로 확인할 수 있는 소중한
자료가 되고 있다.

보상화문 고려금高麗錦
8세기, 정창원 소장

한금韓錦
8세기, 정창원 소장

화전花氈
8세기, 정창원 소장

고려시대는 찬란한 불교 문화의 영향으로 왕실과 귀족 사이에서 불화, 불상, 석탑 제작이
성행했다. 특히 불상에는 복부 내부에 발원자의 복덕을 기원하는 의미로 그가 입었던 복식이나
옷감 조각을 함께 넣고 밀봉하는 습속이 있었는데, 이를 불복장佛腹藏이라고 한다. 불복장은
대개 수백 년이 지난 뒤 불상의 금칠을 새로 할 때 공개되며, 진공 상태에 가까운 밀폐 보존
덕분에 원형의 색채까지 비교적 생생하게 남아 있는 경우가 많다. 이처럼 고려시대 불상 속에
보관되어 전해진 옷감은 견絹, 주紬, 초綃, 능綾, 라羅, 직금織金, 금錦, 저포苧布, 마포麻布 등 다양하지만,
그중에서도 특히 주목할 만한 것은 단연 금錦, 라羅, 직금織金과 같은 고급 직물이다.

이러한 직물의 우수성은 1123년 송나라 사신 서긍徐兢, 1091~1153이 1년간 고려에 머물며
고려의 문화에 관해 저술한 「고려도경高麗圖經」에서도 엿볼 수 있다. 그는 고려의 직물 기술에
깊이 감탄하며, 고려가 생산하는 옷감의 정교함과 아름다움을 자세히 기록했다.
실제로 12세기 봉서리 탑 속에서 발견된 보상화무늬의 고려금高麗錦 유물은 당시 직조 기술의
수준과 미감이 얼마나 뛰어났는지를 여실히 보여준다.

라 또한 고려시대 유물에서 자주 보이는 고유의 직물이다. 고려 후기 문인 최자崔滋, 1188~1260는
「삼도부三都賦」에서 "경주와 안동 지역에서 불면 날 듯 연기와 안개 같은 고운 라를 짠다."고
기록하였다. 라는 관리의 공복부터 여성의 일상복에 이르기까지 폭넓게 사용되었고,
송나라와 원나라에서 교역품으로도 높이 평가받았다. 또한 고려 불화 속에서 불공을 드리는
귀족들이 입은 복식에는 평직, 능직, 수자직, 익조직 등 다양한 직조법이 활용되었으며,
금사와 은사를 별도의 위사로 사용해 무늬를 표현한 직금 직물도 자주 등장한다. 이 직금은
이중직으로 올리는 위사에 색사 대신 금사나 은사를 활용해 더욱 화려한 분위기를 자아내지만,
그럼에도 불구하고 전체 직물을 덮기보다는 토끼나 새, 꽃과 같은 단순한 도안을 반복적으로
배열해 절제된 아름다움을 추구했다. 이는 고려인의 미적 취향이 화려함을 지향하되
결코 과하지 않으며, 세련되고 우아한 조화를 중시했음을 보여준다. 이러한 심미안은 불화 속
인물들의 복식에도 일관되게 반영되어, 회화와 의복이 조화를 이루는 시각적 완성도를 높였다.

장곡사 철조약사불 복장 직물
1346년, 국립중앙박물관 소장

장곡사 철조약사불 복장 직물
1346년, 국립중앙박물관 소장

고려시대까지 고귀한 옷감으로 알려진 금, 계, 라, 직금 등은 귀하고 고급스러운 직물로 널리
쓰였으나, 시간이 흐르며 명맥이 끊겨 현대에는 더 이상 생산되지 않는다. 이러한 점은
온지음이 다양한 시대의 한복을 고증하고 재현할 때 가장 큰 어려움으로 작용했다. 당시의 미감을
온전히 살리기 위해서는 그 시대에 실제 사용되었던 옷감이 반드시 필요한데, 더는 존재하지
않거나 생산 기술이 사라진 경우가 많기 때문이다. 이에 온지음은 오색금, 라, 직금, 계 등 소재를
직접 생산해 각 시대의 복식에 담긴 정서와 미감을 생생히 재현하고자 했다.

이러한 옷감 재현 과정에서 온지음은 과감히 현대 제직 기술을 도입해 전통과 현대의 접점을
실험적으로 확장해 나갔다. 오색금 직물의 재현을 위해 온지음은 국립대구박물관이 소장한
12세기 봉서리 탑 속 고려 보상화무늬의 금 직물을 실견하고 현대 자카드직기로 직조했다.
또한 온양민속박물관에 소장된 1302년 아미타불 복장 직물인 사경교라^{四經絞羅}를 현대 니트 제직
기법으로 유사한 미감을 구현했다. 「관경서품변상도^{觀經序品變相圖}」에 표현된 고려 여인의 화려한
저고리는 아미타불 복장 유물을 참조하여 라에 금박을 찍거나 두터운 주紬에 작은 꽃무늬를
편금사로 수놓아 직금 직물로 재창조했다. 고구려 무용총의 복식 무늬는 김호득 화백의
붓 터치로 생동감 있는 점 무늬로 완성되었고, 격자문 금은 수직기로 짠 모직물 계로 구현해
역동적이며 깊이 있는 텍스처를 형성했다. 이와 같이 소재의 본질에 집중하면서도 현대
기술을 적극 활용하는 태도는 온지음만의 독자적인 미학과 실천 철학을 보여준다.

이처럼 옛 시대 복식의 미적 특징을 그대로 되살리기 위해 사료를 바탕으로 전통 복식을
재발견, 재해석, 재창조했고, 전통 본연의 아름다움을 생동감 있게 전달하기 위해 특별히
각 시대별 옷감 연구 및 개발에 특별한 노력을 기울였다. 고대로 거슬러 올라갈수록
유물 자료가 희귀하여 문헌을 찾아 고증하는 것은 물론, 각 시대의 대표적 벽화나 회화를
조사하고 때로는 서로 긴밀하게 영향을 주고받았던 이웃 나라의 유물을 참고하기도 했다.
무엇보다 '기록의 나라'라고 불릴 정도로 세세한 제작 과정까지 모두 충실하게 기록한 문헌은
온지음 연구의 든든한 기반이 되었다.

문수사 금동아미타불 복장 직물
1346년, 수덕사 소장

아미타불 복장 직물
1302년, 온양민속박물관 소장

「미륵하생경변상도彌勒下生經變相圖」
12세기, 신노원 소장

온지음이 짓다

전통을 잇는 직물들

1차 숙라

3차 숙라

2차 숙라

라羅

삼국시대부터 고려시대까지 상류층이 애용한
얇고 부드러운 견직물이다. 인접한 3~8개의 경사가
서로 교차하는 가운데 위사를 넣어 일종의 그물처럼
얽힌 구조다. 고려시대 유물에서 가장 많이 보이는
라는 4개의 경사가 교차된 4경교라이며 경사가
사선으로 엮이며 직조되어 니트 직물처럼 신축성이
있고 구김이 적다. 또한 섬유 사이로 빛이 은은히
스며드는 섬세하고 반투명한 질감이며 물 흐르듯
부드러운 실루엣을 낸다.

고려시대 불상 제작 시 납입된 14세기의 라 유물과
문헌 속 기록을 참고하여 수년간의 연구를 거쳐
현대적 제직 기법으로 재현했다. 유물 조직 그대로
사용하기보다는 현대 상용화를 위해 편직기계를
활용해 전통 라와 유사한 물성과 감성을 구현했다.

보상화무늬 금

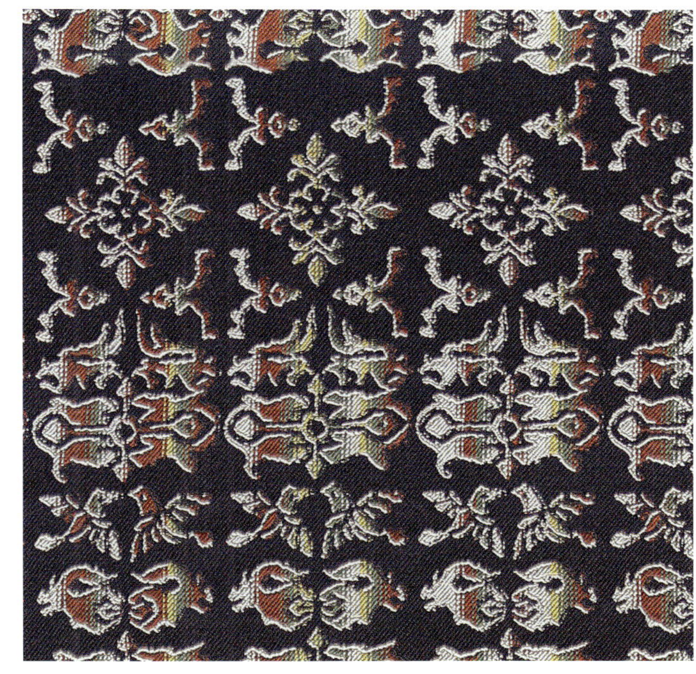

보상화무늬 금

화조무늬 금

금錦

삼국시대부터 고려시대까지 사용된 화려한 견직물이다. 바탕이
되는 경사 위에 3색 이상의 선염한 위사를 넣어 중조직으로
제직했다. 무늬를 위중조직 기법으로 짜 올리는 방식으로 제직해
문양이 선명하고 표면이 입체적이며 촉감이 톡톡하고 탄력성이
좋다. 금은 고대부터 중국, 일본과의 교역품으로서 높은 가치를
지녔으며, 특히 백제에서 일본으로 금직 기술을 전파하여
'한금韓錦'이라 불리며 일본 견직물 발전의 기반이 되었다.

삼국시대의 금에 대한 기록은 「삼국지三國志」와 「삼국사기三國史記」 등
고대 문헌에 많이 나오지만 유물이 우리나라에는 거의 남아 있지
않아서 고구려 고분 벽화와 일본 정창원正倉院에 소장된 한금 등의
직물 조직과 문양을 참고하였다. 고려시대 금은 봉서리 탑 속에
들어 있는 유물이 온전히 남아 있어 이를 참고하여 색상과 무늬,
밀도 등 원형과 동일한 자색금을 현대 자카드직기로 1차
제직하였고, 2차로 무늬와 형태는 그대로 유지하되 바탕색과
보상화무늬의 색만 바꿔 변화를 주었다.

「삼국지」 동이전에 부여의 사람들은 섬세한 모직물인 계罽를
외국에 나갈 때 입었다는 기록이 있고, 「삼국사기」 복식금제에도
계의 사용이 많이 나타난다. 계금罽錦은 모사를 사용하여
중조직으로 제직된 금錦의 일종이다. 「고려사高麗史」,
「증보문헌비고增補文獻備考」, 「동국통감東國通鑑」 등에는 홍지금紅地錦,
오색섬직성화조계금五色蟾織成花鳥罽錦, 금은선적성계금金銀線赤成罽錦 등을
송나라에 보냈다는 기록이 있다.

격자무늬 계금

수유무늬 금

편금사 자수 주

마름꽃무늬 편금 · 편은사 자수 기

마름꽃무늬 기

직금織金

직금은 문자 그대로 특정 무늬 부분에만 금사 혹은 은사를
별도의 위사로 사용하여 중조직으로 짠 직물이다. 겹겹이 교차된
무늬 사이로 금실이 반짝이며 드러나는데, 이는 단지 시각적
화려함을 넘어 신분과 권위를 드러내는 상징이자, 매우 고난도의
기술이 요구되는 작업이기도 하다. 금사金絲는 금을 얇게 두드려
만든 박金箔을 한지에 붙인 뒤 0.3㎝로 가늘게 오려 실처럼 만든
것으로 편금사라고도 부른다.

온지음에서는 고려시대 아미타불 복장 직물을 참고하여
두터운 주 바탕에 작은 꽃무늬를 편금사로 수놓거나 마름꽃무늬
기에 편금사와 편은사로 수놓아 고려시대 직금 직물의 화려한
미감을 재현하였다.

석류 넝쿨무늬 단

단^緞

5매 혹은 8매 수자직으로 제직하여 조밀하고 매끄러운
표면감을 가진 고급 견직물로, 조선시대 예복, 관복 등에
널리 사용되었다. 바탕이 되는 경사는 밀도를 치밀하게 걸고,
위사는 일정 간격으로 띄워 넣어 경사와 위사의 교차점이
적어서 평직이나 능직에 비하여 광택이 많고 톡톡하다.
무늬가 있는 단은 문단紋緞이라 부르고 무늬가 없는 단은
무문단無紋緞 혹은 공단貢緞이라 한다. 대부분의 조선시대 문단은

경사와 위사를 동일한 색으로 하되 바탕은 경수자직, 무늬는
위수자직으로 표현하여 광택 방향에 따른 은은한 무늬의 표현을
즐기지만, 경우에 따라 위사의 색상을 달리하여 우아함을
더하기도 한다.

온지음에서는 19세기 왕실에서 사용한 다색의 석류무늬 단과
경위사를 동일한 색으로 짠 수국무늬와 기하무늬 단을 제직하였다.

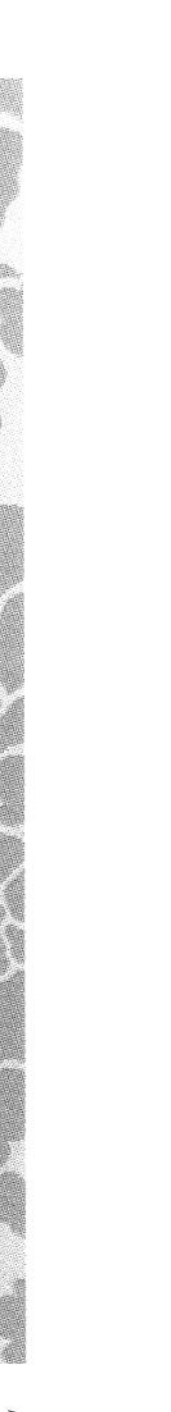
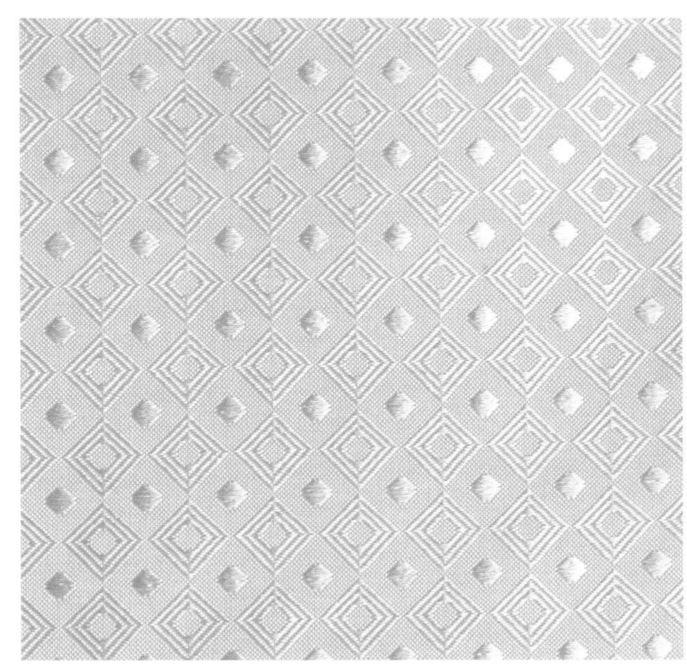

수국무늬 단

마름무늬 인견 교직

마름무늬 인견 교직

수국무늬 단

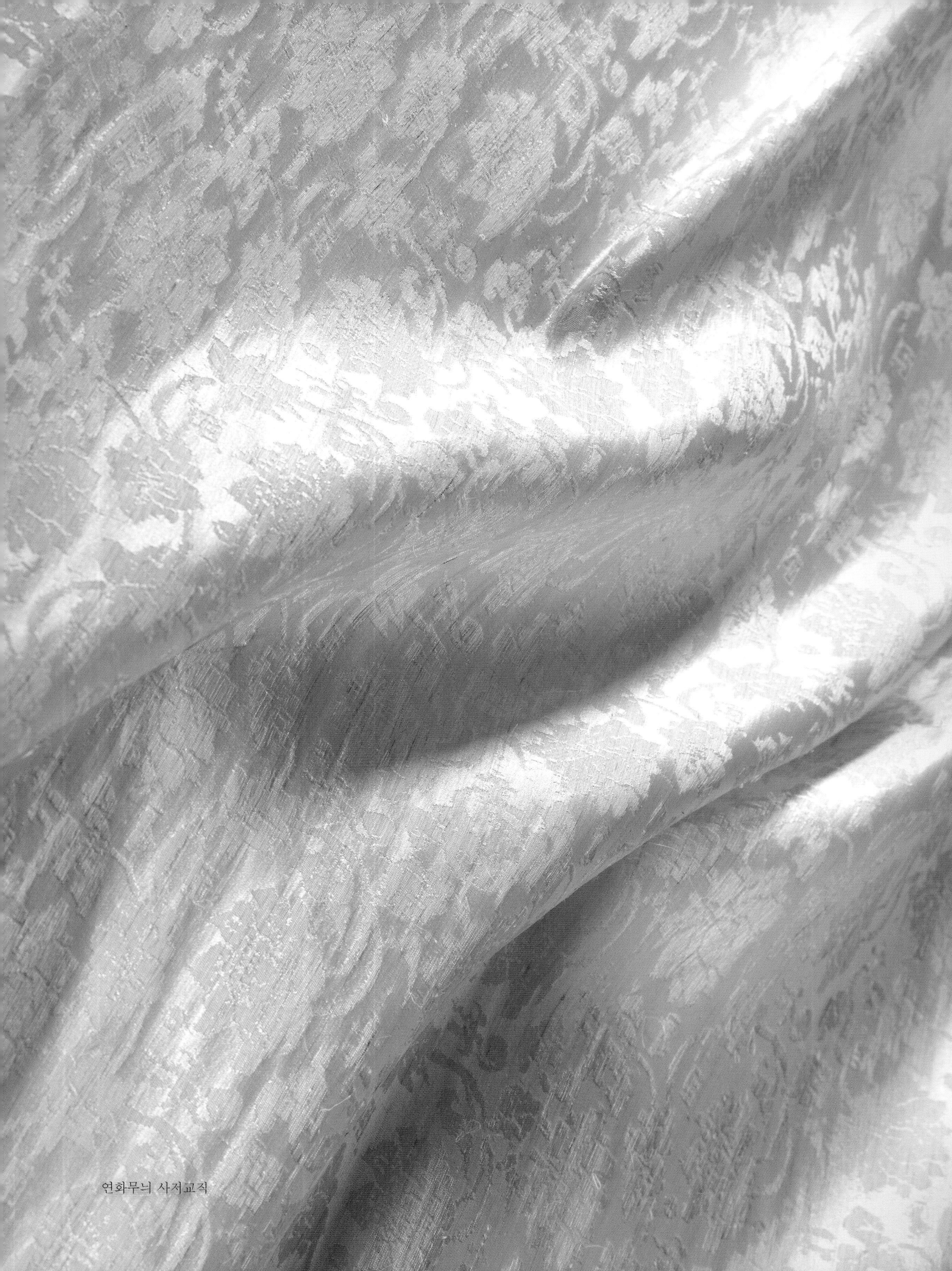

연화무늬 사저교직

기하무늬 단

호롱박무늬 단

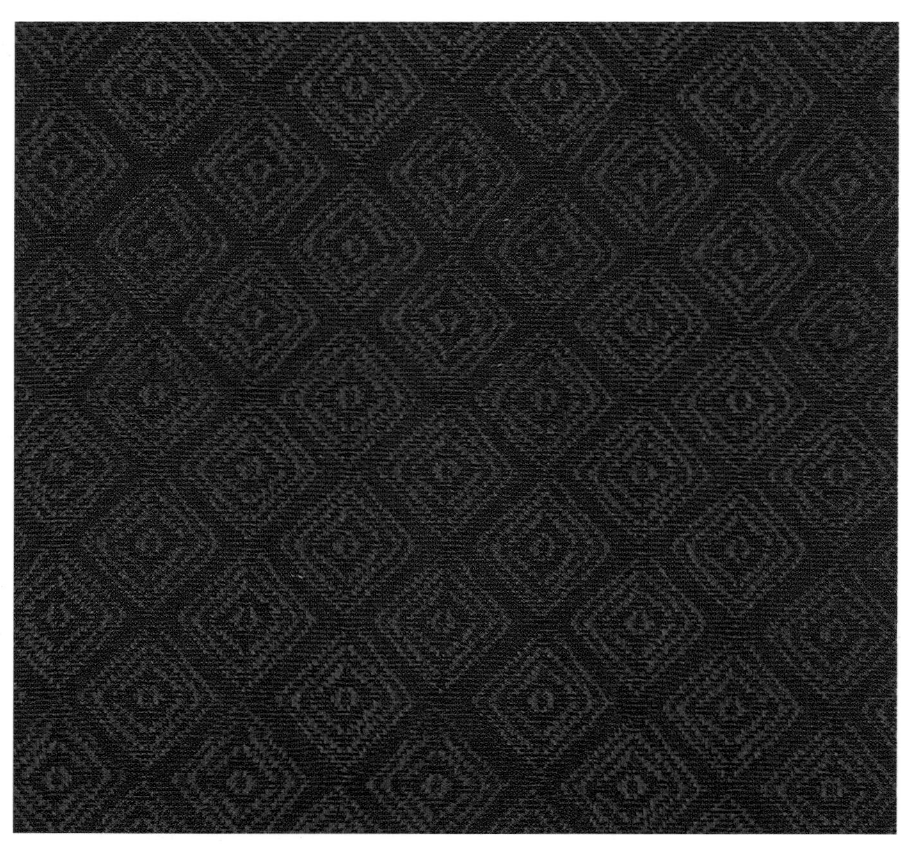

마름무늬 기

토끼 · 영지무늬 단

토끼 · 영지무늬 단

사^紗

인접한 경사끼리 꼬임을 주어 직물의 투공
효과를 준 익조직의 견직물로 통기성이 좋고
반투명하여 주로 춘·하절기의 복식에
사용하였다. 조선 말기가 되면 얇은 사 종류의
옷감이 매우 유행하여 춘·하절기의 복식
이외에도 사철 입는 원삼, 스란치마, 대란치마와
같은 의례용 의복에도 단보다는 사 종류의
옷감을 선호하였다.

대표적인 옷감으로 숙고사, 생고사, 항라, 순인
등이 있는데 모두 평직과 꼬임이 있는 사직을
조합하여 제직하였다. 숙고사는 부드럽게
정련한 연사를 경위사를 사용하며 바탕은
평직이고 무늬만 사직으로 투명하게
제직하였다. 생고사는 숙고사에 비하여 좀 더
투명하고 시원한 사직물로 경사에는 정련하지
않은 생사를, 위사에는 정련한 연사를
사용하였으며 바탕을 사조직으로 투명하게
제직하고 무늬 부분만 평직으로 불투명하게
표현하였다. 항라는 위사 3~7올을 평직으로
제직한 후 다음 1올은 사직으로 꼬임을 주어
반복하므로 옷감 전체에 가로줄무늬가 나타나게
하였다. 평직 부분의 위사 올수에 따라 3족항라,
5족항라, 7족항라로 부른다. 위의 옷감과 같이
무늬를 넣은 경우에는 문항라라고 불렸다.
순인은 평직과 사직을 3~4올씩 묶어 상하좌우
격자로 배열해 직조하므로 위사가 지그재그로
짜여 마치 물고기 비늘과 같이 보이는 외관에서
순인이라는 명칭이 유래되었다.

패랭이무늬 항라

모란무늬 갑사

연꽃무늬 생고사

도라지무늬 갑사

모란무늬 생고사

호롱박무늬 생고사

포도무늬 생고사

국화무늬 갑사

사군자 · 모란무늬 생고사

사군자 · 모란무늬 자미사

유물 목록

누비 중치막
Quilted Jung-Chimak

이혁(1661~1772) 묘 출토
17세기, 경기도박물관 소장
112 page

녹피 바지
Nokpi Baji, trousers made of deerskin

남이흥 장군(1567~1627)
17세기 초 추정, 충장사 소장
126 page

심의
Sim-ui, a formal robe worn by
Confucian scholars

김화(1572~1633) 묘 출토
17세기, 경기도박물관 소장
114 page

세가닥 바지
Segadak-Baji women's drawers
임백령(1498~1546) 묘 출토
16~17세기
단국대학교 석주선기념박물관 소장
128 page

창의
Chang-ui, a wide-sleeved
outer robe

의원군 이혁(1661~1722) 묘 출토
17세기 후반~18세기, 경기도박물관 소장
116 page

원삼
Wonsam, a ceremonial robe
덕온공주(1822~1844)
19세기
단국대학교 석주선기념박물관 소장
130 page

사저교직 답호
Da-po, a coat with half sleeves
수덕사 금동아미타불 복장물
1346년
수덕사 근역성보관 소장
120 page

당의
Dang-ui, a formal women's jacket
해평 윤씨 묘 출토
1660~1701년 추정
단국대학교 석주선기념박물관 소장
132 page

답호
Da-po, a coat woven with
silk and ramie threads

탐능군(1636~1731) 묘 출토
16세기 말~17세기 초
단국대학교 석주선기념박물관 소장
123 page

장옷
Jang-ot, women's cloak-shaped veil
for going out

덕온공주(1822~1844), 19세기 후반
단국대학교 석주선기념박물관 소장
134 page

녹피 방령포
Bangnyeongpo, Square-collared
robe made of deerskin

남이흥 장군(1567~1627)
17세기 초 추정, 충장사 소장
126 page

사규삼
Sa-gyu-sam, boys' robe for
coming-of-age ceremony

영친왕(1897~1970), 19세기
숙명여자대학교박물관 소장
146 page

배자

Baeja, a vest

1880년대
단국대학교 석주선기념박물관 소장
148 page

살창고쟁이

Salchang Gojengi,
structured under-trousers

19세기
본태박물관 소장
178 page

배자

Baeja, a vest

20세기
한국자수박물관 소장
149 page

무지기

Mujigi, multicolored waist drapes

19세기
이화여자대학교 담인복식미술관 소장
180 page

자수 회장저고리

Jeogori with embroidery

해평 윤씨(1660~1701) 묘 출토
17세기 후반~18세기 초
단국대학교 석주선기념박물관 소장
150 page

대슘치마

Daesum Chima, a skirt with
reinforced inner hem

19세기
경운박물관 소장
183 page

활옷

Hwarot, bridal attire

19세기
필드 박물관 소장
154 page

속적삼

Sokjeoksam, undershirt

1920년대
경운박물관 소장
192 page

금장식 두루주머니

Pouch with gold ornamentation

이구(1931~2005)
20세기
국립고궁박물관 소장
160 page

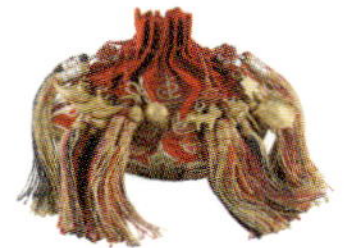

적삼

Jeoksam, inner jacket

1940년대
경운박물관 소장
192 page

누비바지

Nubi Baji, quilted trousers
made for warmth and insulation

1920년대
경운박물관 소장
178 page

저고리

Jeogori, upper garment

1910년대
경운박물관 소장
194 page

저고리

Jeogori, upper garment

1940년대
경운박물관 소장
195 page

저고리

Jeogori, upper garment

1950년대
경운박물관 소장
203 page

마고자

Magoja, a outer jacket
worn over the jeogori

영친왕(1897~1970)
20세기 초, 국립고궁박물관 소장
204 page

명주 배자

Myeongju Baeja, a vest
made of traditional silk

은진 송씨
1700년대
국립민속박물관 소장
208 page

배자

Baeja, a sleeveless vest

조선 후기
고려대학교박물관 소장
209 page

배자

Baeja, a sleeveless vest

파평 윤씨(1741~1759) 묘 출토
18세기 중엽
단국대학교 석주선기념박물관 소장
209 page

국내 단행본

· A.H. 새비지-랜도어(1999), 고요한 아침의 나라 조선, 서울 : 집문당.
· 강순제 외(2015), 한국복식사전, 서울 : 민속원.
· 경기도박물관(2001), 전주이씨 묘 출토복식 문양집 – 광주 고읍 인평대군파 의원군 일가, 용인 : 경기도박물관.
· 경기도박물관(2008), 경기도박물관 출토복식 명품선, 용인 : 경기도박물관.
· 경운박물관(2003), 근세복식과 우리문화, 서울 : 경운회.
· 경운박물관(2006), 옛 속옷과 침선 – 겹겹이 깃든 기품, 서울 : 경운박물관.
· 경운박물관(2007), 그리운 저고리, 서울 : 경운박물관.
· 경운박물관(2023), 소색비무색 : 흰옷에 깃든 빛깔, 서울 : 경운박물관.
· 고려대학교박물관(2003), 坡平尹氏 母子 미라 종합 연구 논문집 2, 서울 : 고려대학교박물관.
· 고려대학교박물관(2008), 고려대학교박물관 名品圖錄, 서울 : 그라픽네트.
· 구도영 외(2024), 한국 복식문화사 – 한국의 옷과 멋, 서울 : 동북아역사재단.
· 국립경주박물관(1997), 국립경주박물관, 서울 : 통천문화사.
· 국립고궁박물관(2010), 영친왕 일가 복식, 서울 : 국립고궁박물관.
· 국립고궁박물관(2012), 덕혜옹주, 서울 : 국립고궁박물관.
· 국립고궁박물관(2023), 활옷 만개, 서울 : 국립고궁박물관.
· 국립대구박물관(2023), 회혼례도첩의 문화사적 이해, 서울 : 디자인문화.
· 국립문화재연구소(2006), 우리나라 전통 무늬 1 직물, 서울 : 눌와.
· 국립중앙박물관(2002), 朝鮮時代 風俗畵, 서울: 한국박물관회.
· 국립중앙박물관(2011), 초상화의 비밀, 서울 : 국립중앙박물관.
· 국립중앙박물관(2013), 표암 강세황, 서울 : 국립중앙박물관.
· 국립중앙박물관(2019), 대고려 918 · 2018 그 찬란한 도전, 서울 : 국립중앙박물관.
· 국사편찬위원회(2006), 옷차림과 치장의 변천, 서울 : 두산동아.
· 김미자 외(1999), 高麗의 佛腹藏과 染織 – 1302年 織造環境과 織物의 特性, 서울 : 계몽사.
· 김소현(2017), 조선왕실 여인들의 복식, 서울 : 민속원.
· 단국대학교 석주선기념박물관(2000), 한국전통 어린이복식, 서울 : 단국대학교출판부.
· 단국대학교 석주선기념박물관(2004), 名選 中 민속 · 복식, 용인 : 단국대학교출판부.
· 단국대학교 석주선기념박물관(2005), 名選 下 민속 · 복식, 용인 : 단국대학교출판부.
· 단국대학교 석주선기념박물관(2010), 성주이씨 형보의 부인 해평윤씨 출토 복식, 용인 : 단국대학교출판부.
· 단국대학교 석주선기념박물관(2012), 조선 마지막 공주 덕온가의 유물, 용인 : 단국대학교출판부.
· 단국대학교 석주선기념박물관(2019), 전주이씨 수도군파 5세 이헌충과 부인 안동김씨 묘
  출토 복식, 용인 : 단국대학교출판부.
· 단국대학교 석주선기념박물관(2023), 전주이씨 탐릉군 이변 묘 출토 복식 1636-1731, 용인 : 단국대학교출판부.
· 대전선사박물관(2010), 옷섶 사이로 비치는 조선, 대전 : 대전선사박물관.
· 문화재청(2006), 문화재대관 : 중요민속자료. 2, 복식 · 자수편, 대전 : 문화재청.
· 박상우, 미셸 프리조, 박평종(2023), 다시, 사진으로!, 대구 : 대구문화예술진흥원.
· 박성실, 조효숙, 이은주(2005), 조선시대 여인의 멋과 차림새 : 한국복식명품, 서울 : 단국대학교출판부.
· 수덕사 근역성보관(2004), 至心歸命禮 – 韓國의 佛腹藏 특별전, 예산군 : 수덕사 근역성보관.
· 부산대학교 한국전통복식연구소, 대전시립박물관(2016), 대전 금고동 출토 안정나씨 일가
  墓 출토복식 조사보고서, 부산 : 부산대학교 한국전통복식연구소, 대전 : 대전시립박물관.
· 사단법인 성보문화재연구원(1997), 해인사 금동비로자나불 복장유물의 연구, 서울 : 성보문화재연구원.
· 심연옥(2002), 한국직물 오천년, 서울 : 고대직물연구소출판부.
· 심연옥(2006), 한국직물문양 이천년, 서울 : 삼화 출판사 : 고대직물연구소 출판부.
· 온양민속박물관학예연구실(1991), 1302年 阿彌陀佛腹藏物의 調査研究, 온양 : 溫陽民俗博物館.
· 원주변씨원천군종친회(2010), 원천군 변수 유물, 이천 : 원주변씨원천군종친회.
· 유희경 외(2003), 역사인물 초상화 대사전, 서울 : 현암사.
· 유희경, 김문자(1998), 한국복식문화사, 서울 : 敎文社.

참 고 문 헌

· 이동주(1981), 韓國의 美; 7 高麗佛畵, 서울 : 中央日報社.
· 이소담(1948), 재봉교본, 서울 : 고려문화사.
· 이화여자대학교 담인복식미술관(2018), 조선시대 襦衣, 서울 : 이화여자대학교박물관.
· 인천광역시립박물관(2005), 인천 석남동 회곽묘 출토복식, 인천 : 인천광역시립박물관.
· 충북대학교 박물관(2008), 조선시대 여인의 옷, 청주 : 충북대학교박물관.
· 허동화(2013), 이렇게 귀여운 어린이 옷, 서울 : 한국자수박물관 출판부.

해외 단행본

· Chung, Young Yang(2005), Silken threads, New York : Harry N. Abrams, Inc.
· Joseph de La Nézière(1902), L'Extrême-Orient en images : Sibérie, Chine, Corée, Japon, Paris : F. Juven.
· 奈良国立博物館(1988), 正倉院展, 奈良 : 奈良国立博物館.
· 奈良国立博物館(1998), 正倉院展, 奈良 : 奈良国立博物館.
· 奈良国立博物館(2002), 正倉院展, 奈良 : 奈良国立博物館.
· 奈良国立博物館(2006), 正倉院展, 奈良 : 奈良国立博物館.
· 奈良国立博物館(2019), 正倉院の世界 : 皇室がまもり伝えた美, 東京 : 読売新聞社.
· 李肖氷(1995), 中國西域民族服飾研究, 新疆 : 新疆人民出版社.
· 松本包夫 著(1984), 正倉院裂と飛鳥天平の染織, 京都 : 紫紅社.
· 町野 とく(1979), 正倉院御物伎楽装束の復原的研究, 奈良 : 奈良明新社.
· 赵丰(2005), 中国丝绸艺术史, 出版社: 文物出版社.
· 朝鮮画報社出版部編(1985), 高句麗古墳壁画, 東京 : 朝鮮画報社.
· 中国丝绸博物馆(2000), 沙漠王子遺寶 : 丝绸之路尼雅遺址出土文物, 香港 : 艺纱堂/服饰工作队.
· 中国丝绸博物馆(2002), 纺织品考古新发现, 香港 : 艺纱堂/服饰出版.
· 中華五千年文物集刊編輯委員會(1986), 中華五千年文物集刊 服飾篇 下, 台北 : 中華五千年文物集刊編輯委員會.

고문헌

·「가례도감의궤(嘉禮都監儀軌)」
·「거가잡복고(居家雜服考)」
·「고려사(高麗史)」
·「고종실록(高宗實錄)」
·「국조오례의(國朝五禮儀)」
·「동문선(東文選)」
·「무자진작의궤(戊子進爵儀軌)」
·「묵재일기(默齋日記)」
·「불기(祓記)」
·「사소절(士小節)」
·「삼국사기(三國史記)」
·「삼국지(三國志)」
·「삼재도회(三才圖會)」
·「선화봉사고려도경(宣和奉使高麗圖經)」
·「세종실록(世宗實錄)」
·「소학(小學)」
·「숙원잡기(萩園雜記)」
·「악학궤범(樂學軌範)」
·「우포잡기(寓圃雜記)」
·「일본서기(日本書紀)」
·「중종실록(中宗實錄)」
·「청장관전서(靑莊館全書)」
·「태종실록(太宗實錄)」
·「퇴계선생문집(退溪先生文集)」
·「한원(翰苑)」
·「황주목사계자기(黃州牧使戒子記)」

ONJIUM

자연을 여미다
Weaving in Nature

초판 1쇄 발행 2025년 10월 1일

펴낸곳	(재)중앙화동재단 부설 전통문화연구소 온지음
펴낸이	홍정현
주소	(03043) 서울시 종로구 효자로 49(창성동)
전화	02-725-6613
홈페이지	www.onjium.org

지은이	온지음 옷공방 | 조효숙 이경선 이윤화 김연주
진행	온지음 기획실 | 구본희
편집	명수진
디자인	Studio KIO
사진	이종근 Guruvisual, Inc
	구본창 Koo Bohnchang (p.2-3, 4-5, 56-57, 102-103, 168-169, 184-185)
	김용호 Kim Yong Ho (p.222-231)
	윤준환 Yoon, Joonhwan (p.264-265)
	황정원 Hwang Jeongwon (p.220-221)
일러스트레이션	구은진 (p.186-187)
교정	정원경
번역	노재령
자료제공	(재)재단법인아름지기, 간송미술문화재단
도움 주신 분	김소현, 김승현

제작	중앙일보에스㈜
등록	2008년 1월 25일 제2014-000178호
주소	서울시 마포구 상암산로 48-6, 12층
문의	jbooks@joongang.co.kr

ISBN 979-11-974157-5-3(03590)

Copyright ©중앙화동재단 부설 전통문화연구소 온지음, 2025.

신저작권법에 의해 한국 내에서 보호를 받는 저작물이므로 글과 사진의 무단 전재와 복제를 금합니다.
책 내용의 전부 또는 일부를 이용하려면 반드시 저작권자와 재단법인 중앙화동재단의 서면 동의를 받아야 합니다.

잘못된 책은 구입한 곳에서 바꿔 드립니다.
책값은 뒤표지에 있습니다.